中国地质大学（武汉）实验教学系列教材
中国地质大学（武汉）实验教学教材基金 资助

三峡地区地质学实习指导手册

SANXIA DIQU DIZHIXUE SHIXIZHIDAO SHOUCE

王永标　王国庆　王　岸　王家生　边秋娟
冯庆来　刘　嵘　杜远生　何卫红　张克信　编著
林启祥　杨江海　徐亚东　彭松柏　喻建新
曾佐勋　廖群安（按姓氏笔画排序）

图书在版编目(CIP)数据

三峡地区地质学实习指导手册/喻建新等编著. —武汉:中国地质大学出版社,2016.8
中国地质大学(武汉)实验教学系列教材
ISBN 978-7-5625-3860-8

Ⅰ.①三…
Ⅱ.①喻…
Ⅲ.①三峡-区域地质学-高等学校-教材
Ⅳ.①P562

中国版本图书馆 CIP 数据核字(2016)第 174732 号

三峡地区地质学实习指导手册 喻建新 冯庆来 王永标 林启祥 等 **编著**

责任编辑:舒立霞 马 严 责任校对:代 莹

出版发行:中国地质大学出版社(武汉市洪山区鲁磨路 388 号) 邮政编码:430074
电 话:(027)67883511 传真:67883580 E-mail:cbb@cug.edu.cn
经 销:全国新华书店 http://www.cugp.cug.edu.cn

开本:787 毫米×1092 毫米 1/16 字数:237 千字 印张:9.25
版次:2016 年 8 月第 1 版 印次:2020 年 9 月第 2 次印刷
印刷:湖北省睿智印务有限公司 印数:1001—2001 册

ISBN 978-7-5625-3860-8 定价:39.00 元

目　　录

第一章　绪　论……………………………………………………………………………(1)
第一节　自然地理……………………………………………………………………………(1)
第二节　研究历史……………………………………………………………………………(2)
第三节　实习目的、任务和要求 ……………………………………………………………(4)
第二章　区域地质……………………………………………………………………………(6)
第一节　区域地层与古生物…………………………………………………………………(6)
第二节　沉积岩与沉积作用 ………………………………………………………………(27)
第三节　岩浆岩与岩浆作用 ………………………………………………………………(37)
第四节　变质岩与变质作用 ………………………………………………………………(51)
第五节　地质构造 …………………………………………………………………………(59)
第三章　野外地质教学路线 ……………………………………………………………(71)
路线一　中—新元古代变基性-超基性岩、变沉积岩系(庙湾蛇绿杂岩)地质观察 ……(71)
路线二　新元古代黄陵花岗杂岩体、包体及多期岩脉穿插关系地质观察………………(76)
路线三　新元古代南华纪地层观察 ………………………………………………………(79)
路线四　埃迪卡拉纪—寒武纪地层和古生物观察 ………………………………………(85)
路线五　宜昌黄花场奥陶纪大坪期地层观察 ……………………………………………(90)
路线六　宜昌王家湾上奥陶统赫南特阶全球界线层型剖面和点位观察 ………………(96)
路线七　奥陶纪晚期至二叠纪地层和古生物观察………………………………………(105)
路线八　晚古生代二叠纪地层和古生物观察……………………………………………(109)
路线九　中三叠世—中侏罗世地层序列观察……………………………………………(113)
路线十　长阳清江构造地质和寒武纪—奥陶纪地层观察………………………………(117)

第四章　教学程序及实习成绩评定…………………………………………………………（128）
第一节　实习目的及实习阶段划分…………………………………………………………（128）
第二节　各阶段主要教学内容和教学要求………………………………………………（128）
第三节　实习成绩评定………………………………………………………………………（130）
第四节　野外实习期间学生注意事项　……………………………………………………（130）
主要参考文献…………………………………………………………………………………（133）
附录……………………………………………………………………………………………（136）

第一章 绪 论

第一节 自然地理

中国地质大学(武汉)三峡秭归产学研基地坐落于秭归县城西北缘,距三峡大坝水平距离约2km,基地建设于2002年立项,2004年开始建设,2005年完成一期基础建设工作,2006年正式开展各类野外实践教学活动。

秭归县位于湖北省西部,东临宜昌市,距离湖北省省会武汉市约400km,武汉至秭归交通十分便利,主要经武汉至宜昌的汉宜高速或武汉至宜昌的高速铁路(每天十多个班次)到达宜昌市,再经由宜昌至秭归的专用公路抵达秭归,宜昌到秭归的班车每15分钟一趟。

秭归全县辖8镇4乡,分别为茅坪镇、屈原镇、归州镇、沙镇溪镇、两河口镇、郭家坝镇、杨林桥镇、九畹溪镇,以及水田坝乡、泄滩乡、磨坪乡、梅家河乡(图1-1)。全县目前共有202个行政村、7个居民委员会,1182个村民小组、43个居民小组。全县总人口约42.3万人(2009),国土面积2427km²。2011年,国内生产总值达到67亿元,比2010年52.9亿元增长26.6%。

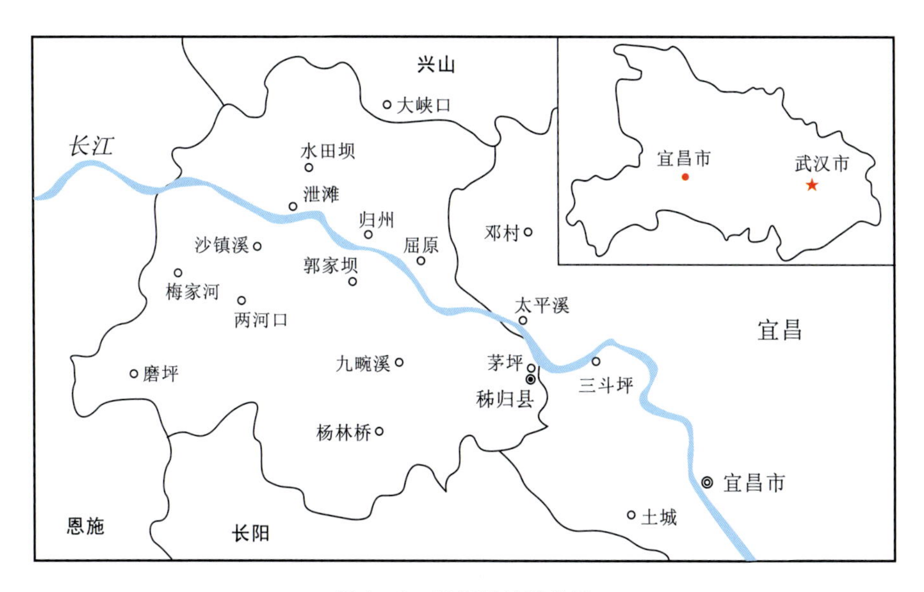

图1-1 实习区地理位置

秭归矿产资源丰富,县境内已探明的矿产资源有20多种,主要有铁矿、金矿、煤矿、石灰石、重晶石等。另外,水力资源丰富,长江横贯县境,水电开发潜力巨大,中小型水电站星罗棋布,秭归已成为全国农村水电初级电气化建设县,是全国农村水电中级电气化建设试点县。火电装机 3 万 kW，年发电量可达 1.8 亿 kW·h。

全县耕地面积 2.39 万 hm^2（$1hm^2=10\ 000m^2$），多以荒山林地为主，是一个典型的山区农业县。近些年，大力发展多种经济和市场农业，全县基本形成了高山烤烟和反季节蔬菜、中山茶叶和板栗、低山柑橘的农业生产基地格局，高效经济林面积达 28 万亩（1 亩 $=666.67m^2$）。农特资源丰富多样，盛产柑橘、茶叶、烤烟、板栗、魔芋，脐橙、锦橙、桃叶橙和夏橙号称“峡江四秀”，尤以脐橙盛名。全县脐橙种植面积已达 15 万亩，因为规模大、品质好，因此被国家农业部命名为“中国脐橙之乡”，并多次获得优质水果金奖和中华名果称号。

实习区处于我国三个阶梯的第二阶梯大巴山山系的东端，属长江上游下段三峡河谷地带的鄂西南山区。山脉走向为北东-南西向或北西-南东向。实习区属中亚热带季风性湿润气候。由于高山夹持，下有水垫，因此 600m 以下形成逆温层，即在冬天形成沿江两岸的冬暖带，年均气温 18℃，极端最低温只有 −3℃，年无霜期为 306 天，空气相对湿度 72%，年降雨量 1016mm，夏季常有大到暴雨，容易造成洪涝灾害和水土流失。

第二节　研究历史

长江三峡黄陵穹隆地区是我国区域地质调查研究较早和研究程度较高的地区之一。1863—1914 年，先后有美国庞德勒、德国李希霍芬等在三峡一带作过粗略的地质调查。20 世纪 20 年代，我国近代地质学主要奠基人李四光和赵亚曾（1924）完成了长江三峡两岸秭归—宜昌段地层地质构造调查，奠定了本区地层构造格架。之后，老一辈著名地质学家谢家荣、赵亚曾、许杰、尹赞勋、卢衍豪、张文堂等先后又进行了更为深入的研究，为本区区域地质研究打下了坚实的基础。

新中国成立后，先后有数十家单位和部门在本区进行了全面的地质调查或矿产勘查工作。20 世纪 50 年代末至 60 年代初，杨遵仪先生带领北京地质学院（现称中国地质大学）师生在本区开展了宜昌幅（西半幅）1∶20 万区域地质调查，对三峡地区各时代地层进行了系统研究。此后，湖北省区域地质调查队开展了宜昌幅东半幅 1∶20 万区域地质调查，并于 1970 年与宜昌幅西半幅、长阳幅合并出版。

20 世纪 70 年代，湖北省地质矿产勘查开发局（以下简称湖北省地矿局）、地质博物馆和宜昌地质矿产研究所联合组成的三峡地层组（1978）和中国科学院南京地质古生物研究所（1978）又分别对本区震旦纪至二叠纪地层进行了深入研究。80 年代，由宜昌地质矿产研究所牵头，联合地质矿产部地质研究所和湖北省地质研究所，通过系统深入研究先后出版了震旦纪（赵自强等，1985）、早古生代（汪啸风等，1987）、晚古生代（冯少南等，1985）、三叠纪—侏罗纪（张振来等，1985），以及白垩纪—第三纪（雷奕振等，1987）的系统研究成果，对长江三峡地区的震旦纪至第三纪地层古生物进行了系统研究和总结，使该区有关岩石地层、生物地层、年代地层的研究达到当时国内领先水平，其中震旦系、震旦系/寒武系和奥陶系/志留系界线的研究成果达到当时国际先进水平。为配合宜昌市城市发展规划编制，由湖北省鄂西地质大队主导，1986—1990 年利用已有资料编制完成了 1∶5 万宜昌市地质图。随后于 1991 年完成 1∶5 万莲沱（西）和三斗坪（西）区域地质填图。

20 世纪 90 年代中后期以来，在国土资源部和国务院三峡移民局支持下，由宜昌地质矿产研究所完成的《长江三峡珍贵地质遗迹保护和太古宙—中生代多重地层划分和海平面升降变化》研究成果(汪啸风等,2002)填补了该区层序地层和太古宙—中元古代研究的薄弱环节,进一步提高了该区地层古生物,尤其是地层层序和年代地层的研究水平。此间,湖北省地矿局鄂西地质队又完成了 1∶5 万分乡场幅和莲沱(东)区域地质填图。

21 世纪初,国土资源部开展新一轮国土资源大调查以来,中国地质调查局武汉地质调查中心(原宜昌地质矿产研究所,以下简称武汉地调中心)、中国地质科学院地质所、南京地质古生物研究所等单位先后围绕本区震旦纪生物多样性事件和年代地层单位划分,以及中国南方震旦系和下古生界年代地层单位的划分和对比开展了一系列研究,完成的震旦系年代地层单位划分和对比研究成果进一步完善了震旦系内部年代地层系统(陈孝红等,2002)。武汉地调中心、南京地质古生物研究所分别牵头完成的宜昌王家湾上奥陶统赫南特阶和宜昌黄花场中/下奥陶统及奥陶系第三个阶(大坪阶)全球界线层型剖面(GSSP)即"金钉子"的研究,极大地推动了全球和区内奥陶系年代地层学的研究。此外,中国地质大学(北京)和中国地质科学院地质所等单位在本区震旦系年代学研究方面也取得了可喜的成果,并相继在《Nature》《Episodes》等国际刊物上发表,引起了国际同行的关注,使本区震旦系剖面在全球埃迪卡拉系再划分中的作用得到了极大的提升。

长江三峡黄陵穹隆地区不仅是我国地层学研究的热点地区,同时也是我国地质灾害调查和防治的重点地区。水利部长江水利委员会、长江三峡勘测大队及湖北省水文工程地质大队、四川南江水文队、湖北省地震局、湖北省地质矿产勘查开发局(以下简称湖北省地矿局)和宜昌地质矿产研究所等多家单位在测区内围绕长江三峡大坝的建设开展了 1∶10 万、1∶20 万、1∶50 万区域水文、工程、灾害地质的普查及详查工作,编写了有关调查研究报告。在山体稳定性和岩崩、滑坡的地质调查方面取得了重要的进展。此外,武汉地震队、湖北省水文二队、长办地震台、湖北省地震局等 20 世纪 70 年代以来对实习基地附近的仙女山、九畹溪、天阳坪断裂的活动性进行了多年系统观测。长江水利委员会、中国地质大学(武汉)等多家单位对本区断裂也进行了详细的研究。这些调查与研究工作极大地丰富了实践教学内容。

20 世纪 90 年代以后,国内外一大批大专院校、科研院所的研究人员、师生,对扬子克拉通黄陵穹隆地区前南华纪变质基底、新元古代花岗杂岩,以及南华纪以来沉积地层等方面进行了许多卓有成效的专题研究工作。特别是,在黄陵穹隆北部太古宙灰色片麻岩(TTG)的形成时代及地质意义(高山等,1990;马大铨等,1992)、古元古代构造-岩浆-变质热事件的时代及其地质构造意义(凌文黎等,2000;Qiu et al,2000;Zhang et al,2006;郑永飞等,2007;张少兵等,2007;熊庆等,2008;彭敏等,2009;Yin et al,2013)、新元古代黄陵花岗杂岩的成因与时代(马大铨等,2002;李志昌等,2002;李益龙等,2007;Zhang et al,2008,2009;Wei et al,2013;Zhao et al,2013)、震旦纪陡山沱组底部"盖帽白云岩"中冷泉碳酸盐的发现与新元古代"雪球地球事件"的关系(Jiang et al,2003;王家生等,2005,2012;Wang et al,2008)、震旦纪及寒武纪古海洋研究(朱茂炎,2010;McFadden K A et al,2008;Ling H et al,2013)、中—新元古代庙湾蛇绿岩的发现识别及其大地构造意义(彭松柏等,2010;Peng et al,2012)、中新生代黄陵穹隆隆升的时代及成因机制(沈传波等,2009;刘海军等,2009;Ji et al,2013)等方面取得了许多重要的新认识和新进展。这些新的进展和成果使黄陵穹隆地区成为华南扬子克拉通早前寒武纪大陆地壳生长演化、前寒武纪超大陆(哥伦比亚、罗迪尼亚超大陆)聚合与裂解、地球早期生命起源与演化、新元古代"雪球地球事件"、中新生代陆内伸展与裂解等地球科学前沿领域重大科学问题研究的热点地区,极大地丰富了实习基地的实践教学资源。这些新成果为重新认识黄陵穹隆地区在我国华南地区乃至世界地质构造演化中独一无二的重要学术研究地位，以及本实习手册的编写提供了重要科学研究基础。

本实习手册充分总结了前人的这些研究成果，针对本科生教学的特点进行了编排。各章节内容撰写分工如下：第一章，冯庆来。第二章第一节，林启祥和喻建新；第二节王国庆；第三节至第五节彭松柏、廖群安、周汉文、刘嵘。第三章路线一，彭松柏；路线二，彭松柏和廖群安；路线三，王家生；路线四，冯庆来；路线五，张克信和徐亚东；路线六，何卫红；路线七和路线八，王永标；路线九，杨江海和杜远生；路线十，曾佐勋和王岸。第四章，王国庆和喻建新。附录，林启祥和喻建新。

第三节　实习目的、任务和要求

开展地质学野外教学实践是地质学专业学生学习的重要组成部分和必备阶段。这些实习基地的建立一方面有利于稳定实践教学队伍，为教员和学生提供完善的后勤服务，另一方面对深化教学与科学研究协同发展给予可持续的支持。

中国地质大学(武汉)(以下简称地大)自 1952 年建校以来，十分注重学生野外实践教学和动手能力的培养，周口店和北戴河历来是地大地质学专业本科生的重点野外教学实习基地，这两个地区地质现象丰富、经典，但对于目前的实践教学来说，仍存在一些问题：第一，随着人们对自然资源的开发，这两个实习区一些经典的、不可再生的地质现象遭受破坏，严重影响室外教学的效果；第二，这两个实习区均位于华北地区，地大毕业生长期缺乏“华南型”地质作用及其地质记录的观察培训，这种偏北方型的教学模式，影响到南方就业学生在工作岗位中对工作区的熟悉程度，制约着他们未来的发展；第三，这两个实习区在沉积环境分析、火山岩岩石类型野外识别等方面均存在地质教学资源不足的现象。为此，地大地质学专业本科生设立 2 周秭归地区野外实习环节，以加强野外工作能力培养。

根据上述野外教学现状分析，制订秭归地区野外教学实习目标如下：①增加华南地区野外实践教学，指导学生观察华南型地层、岩石及构造特征，要求教员引导学生了解华南与华北地层层序及其演化规律的异同；②掌握华南地区地质历史发展过程，弥补在华北地区地质实习中的薄弱环节，使学生野外地质知识和技能得到全面发展；③设置专题路线，要求学生独立完成野外调查和地质资料的收集，培养学生独立观察和分析地质问题的能力，掌握举一反三的地学思维和地质工作的方法。

秭归实习区地质现象丰富多彩。针对上述教学目标，遴选和开发 10 条教学路线，开展野外实践教学，这些路线如下。

路线一：庙湾基性-超基性火山岩、变质岩、韧性构造教学路线。

路线二：下岸溪采石场岩浆岩教学路线。

路线三：九龙湾南华纪—震旦纪地层序列、接触关系、冰川沉积特征。

路线四：滚石坳震旦纪—寒武纪地层序列、接触关系、沉积特征、化石采集。

路线五：黄花场奥陶纪地层序列和“金钉子”剖面、礁灰岩和瘤状灰岩沉积序列等。

路线六：王家湾奥陶纪—志留纪地层序列和“金钉子”剖面、介壳相和笔石页岩相沉积特征。

路线七：五龙-文化奥陶纪—二叠纪地层序列、接触关系和沉积特征。

路线八：链子崖二叠纪地层序列、碳酸盐岩沉积特征、古生物化石采集、工程地质与环境地质考察。

路线九：郭家坝三叠纪—侏罗纪地层序列、河湖相沉积岩及沉积作用、印支运动地层记录等。

路线十：长阳清江构造地质观察和寒武纪—奥陶纪地层描述。

为保证实践教学的质量和实习工作的有序进行，严格要求和强化训练的教学思想应始终贯穿于整个实习过程中，教学的方式、方法和手段则可根据教学内容的基本要求由教员灵活掌握。野外地质路线教学的基本要求如下。

（1）每条教学路线实施的前一天，带班教员应将其教学任务、路线、目的、要求及有关注意事项告知所带班级学生，使其思想、业务、装备及携带物品有所准备。

（2）每天在出队之前要清点人数、检查相应的准备工作是否到位；每天教学路线结束后应在野外现场清点人数，并对学生业务教学野外记录簿，标本、样品等的采集，以及各类仪器装备的使用情况进行必要的检查，布置当天室内整理的内容和要求。此外，为加深理解应根据教学路线的内容和要求提出一些相关问题供学生思考和讨论。

（3）在教学模式上，切忌“老师讲、学生记”的教学模式，而是先提出教学要求，然后训练学生先观察、讨论和思考，最后才记录的程序，培训学生野外观察、描述、记录和收集野外地质现象的能力。

第二章　区域地质

第一节　区域地层与古生物

一、区域地层概况

实习区地处湖北省宜昌市，宜昌地区的地层区划属华南地层大区、扬子地层区、上扬子地层分区(湖北省地矿局，1996)。区内地层发育齐全，也是扬子区地层研究的经典地区，包括新元古界南华系—下古生界志留系标准剖面以及 2 个金钉子剖面，依次出露有元古宙、古生代以及中新生代地层等，尤以新元古界至下古生界研究最好，晚三叠世以来全部为陆相地层。区内主要地层单位见表 2-1。

二、实习区地层

实习区地处湖北省宜昌市秭归县，宜昌地区的大部分地层在实习区都能见到，这里主要介绍实习区能见到的地层(表 2-1)。

表 2-1　三峡地区综合地层表

年代地层单位				岩石地层单位			代号	厚度(m)	岩性简述
界	系	统	阶	群	组	段			
新生界	第四系	全新统			Qh^{al}	Qh^{pal}		0～50	砾石、砂砾、含砂黏土
		更新统			Qp_3^{pal}			大于 15	砾石层，黑色黏质砂土及黄褐色砂质黏性土
					Qp_2^{pal}			102	砾石层、紫红色含砾石砂质黏性土、褐红色网纹状黏性土
					Qp_1^{pal}			21～27	砾石层，黄褐色、棕黄色粉砂夹黏土质粉砂
	古近系	始新统			牌楼口组		E_2p	323～962	底部为灰黄色—浅紫红色厚层砂岩，整体以砂岩为主，夹细砂岩、泥岩
					洋溪组		E_2y	100～520	灰白色、紫红色薄—中层状砂质灰岩之下的一套以灰褐色、淡红色、灰白色中—厚层状灰岩为主，夹杂色泥岩
		古新统			龚家冲组		E_1g	60～470	底部棕红色厚层—块状角砾岩、砾岩或砂砾岩，中、上部紫红色泥岩和粉砂岩夹褐黄色、棕红色、灰白色砂岩及灰绿色泥岩

续表 2-1

年代地层单位				岩石地层单位			代号	厚度(m)	岩性简述
界	系	统	阶	群	组	段			
中生界	白垩统	上统			跑马岗组		K_2p	170～890	棕黄色夹灰绿色、黄绿色的杂色砂岩，粉砂岩，粉砂质泥岩和泥岩
					红花套组		K_2h	773	鲜艳的棕红色厚层状砂岩夹有泥质细砂岩及粉砂岩、泥岩
					罗镜滩组		K_2l	400～600	紫红色、灰色厚层至块状砾岩。上部夹砂砾岩及含砾砂岩
		下统			五龙组		K_1w	714～1867	紫红色、棕红色中—厚层状砂岩，含砾砂岩，夹砾岩、泥质砂岩
					石门组		K_1s	185～275	紫红色、紫灰色块状中粗砾岩夹砖红色细砂岩透镜体
	侏罗系	上统			蓬莱镇组		J_3p	2115	紫灰色长石石英砂岩与泥(页)岩不等厚互层，夹黄绿色页岩及生物碎屑灰岩，含介形虫、叶肢介、轮藻及双壳类化石
					遂宁组		J_3s	630	紫红泥(页)岩，夹岩屑长石砂岩、粉砂岩。含介形虫、轮廓叶肢介及双壳类化石
		中统			沙溪庙组		J_2sh	1986	黄灰色、紫灰色长石石英砂岩与紫红色、紫灰色泥(页)岩不等厚韵律互层
					千佛崖组		J_2q	390	紫红色、绿黄色泥岩，粉砂岩，细粒石英砂岩夹介壳灰岩
		下统		香溪群	桐竹园组		J_1t	280	黄色、黄绿色、灰黄色砂质页岩，粉砂岩及长石石英砂岩，夹碳质页岩及薄煤层或煤线
	三叠系	上统			九里岗组		T_3j	142	黄灰色、深灰色粉砂岩，砂质页岩，泥岩为主，夹长石石英砂岩及碳质页岩，含煤层或煤线3～7层
		中统			巴东组		T_2b	75～91	紫红色粉砂岩、泥岩夹灰绿色页岩
		下统			嘉陵江组		T_1j	728	灰色中—厚层状白云岩、白云质灰岩夹灰岩、盐溶角砾岩
					大冶组		T_1d	1000	灰色、浅灰色薄层状灰岩，中上部夹厚层灰岩、白云质灰岩，下部夹含泥质灰岩或黄绿色页岩
古生界	二叠系	上统	吴家坪阶		吴家坪组		P_3w	84～103	灰色中厚层—厚层状、块状含燧石团块的泥晶灰岩、生物碎屑灰岩
		中统	茅口阶		茅口组		P_2m	88.9	灰色、浅灰色厚层—块状含燧石结核生物碎屑微晶灰岩、藻屑微(泥)晶灰岩、生物碎屑砂屑亮晶灰岩
			祥播阶		栖霞组		P_2q	110.2	深灰色、灰黑色厚层状含燧石结核(或团块)生物碎屑泥晶灰岩
			栖霞阶		梁山组		P_2l	3.8～4.2	下部为灰白色中厚层细砂岩、粉砂岩、泥岩及煤层；上部为黑色薄层泥岩夹灰岩

续表 2－1

年代地层单位				岩石地层单位			代号	厚度(m)	岩性简述
界	系	统	阶	群	组	段			
古生界	石炭系	中统	达拉阶 滑石板阶		黄龙组		C_2h	11.4	灰色、浅灰肉红色厚层灰岩，含灰质白云岩角砾、团块
			罗苏阶		大埔组		C_2d	5.1	灰白色—灰黑色厚层块状白云岩
	泥盆系	上统	法门阶		写经寺组		D_3C_1x	11.66	上部为砂页岩，夹鲕绿泥石菱铁矿及煤线；下部为泥灰岩、灰岩或白云岩夹页岩及鲕状赤铁矿层
			弗拉斯阶		黄家磴组		D_3h	12.8～15	黄绿色、灰绿色页岩，砂质页岩和砂岩为主，时夹鲕状赤铁矿层
		中统	吉维特阶		云台观组		$D_{2-3}y$	85.9	灰白色中—厚层或块状石英岩状细粒石英砂岩夹灰绿色泥质砂岩
	志留系	兰多维列统	特列奇阶		纱帽组	4段	S_1sh^4	51.1～77.4	灰黄色、灰褐色中层—薄层细砂岩夹紫红色薄层粉砂岩
						3段	S_1sh^3	125.5	黄绿色中厚层长石石英砂岩夹粉砂质泥岩、薄层泥质粉砂岩
			埃隆阶			2段	S_1sh^2	282	黄绿色薄层粉砂质泥质岩、泥质粉砂岩，夹灰白色薄层细砂岩
						1段	S_1sh^1	185. 3	灰黄色、黄绿色薄层泥岩，灰色薄层粉砂岩，黄绿色含粉砂质泥岩
					罗惹坪组		S_1lr	73.7～172	下部为黄绿色泥岩、页岩夹生物灰岩、泥灰岩；上部为黄绿色泥岩、粉砂质泥岩
					新滩组		S_1x	670～820m	灰绿色、黄绿色页岩，砂质页岩，粉砂岩夹细砂岩薄层
			鲁丹阶		龙马溪组		S_1l	576.5	黑色、灰绿色薄层粉砂质泥岩，石英粉砂岩偶夹薄层状石英细砂岩。产大量笔石
下古生界	奥陶统	上统	赫南特阶		五峰组	观音桥段	O_3w^g	0.17～0.3	黑灰色、黄褐色或浅紫灰色含石英粉砂黏土岩，黏土岩，产 *Hirnantia* 壳相动物群
			凯迪阶			笔石页岩段	O_3w^b	5.44	黑灰色微薄层至薄层状含有机质石英细粉砂质水云母黏土岩，夹黑灰色微薄层至薄层状微晶硅质岩
					临湘组		O_3l		灰色、灰黑色或带绿色瘤状泥质灰岩夹少许页岩
			桑比阶		宝塔组		O_3b		灰色、浅紫红色或灰紫红色中厚层龟裂灰岩夹瘤状灰岩。以产头足类 *Sinoceras sinensis* 等为其特点
					庙坡组		$O_{2-3}m$	3.1～6.6	黄绿色、灰黑色钙质泥岩，粉砂质泥岩，黄绿色页岩夹薄层生物屑灰岩。富含笔石

续表 2-1

年代地层单位				岩石地层单位			代号	厚度(m)	岩性简述
界	系	统	阶	群	组	段			
下古生界	奥陶系	中统	达瑞威尔阶		牯牛潭组		O_2g	20.06	青灰色、灰色及紫灰色薄至中厚层状灰岩、砾屑灰岩与瘤状灰岩互层
			大坪阶		大湾组	3 段	$O_{1-2}d^3$	21.55	黄绿色薄层粉砂质泥岩夹生物碎屑灰岩或呈不等厚互层状
						2 段	$O_{1-2}d^2$	7.7	紫红色、灰绿色或浅灰色薄层生物碎屑泥晶灰岩，瘤状灰岩，夹钙质泥岩
						1 段	$O_{1-2}d^1$	25.5	灰绿色、深灰色、浅灰色薄层灰岩间夹极薄层黄绿色页岩
		下统	弗洛阶		红花园组		O_1h	45.9	灰色、深灰色中至厚层状夹薄层状灰岩，下部偶夹页岩
					分乡组		O_1f	22～54	下部为灰色中厚层灰岩夹灰绿色薄层状泥岩；上部为灰色薄层生物碎屑灰岩夹泥岩
	寒武系	芙蓉统	特马豆克阶		南津关组		O_1n	209.77	下部为白云岩；中部为含燧石灰岩、鲕状灰岩、生物碎屑灰岩，含三叶虫；上部为生物碎屑灰岩夹黄绿色页岩，富含三叶虫、腕足类等
		武陵统	台江阶		娄山关组		$\in_3O_1l$	673.37	灰色、浅灰色薄层至块状微细晶白云岩，泥质白云岩夹角砾状白云岩，局部含燧石
					覃家庙组		$\in_3q$		以薄层状白云岩和薄层状泥质白云岩为主，夹有中—厚层状白云岩及少量页岩、石英砂岩
		黔东统	都匀阶		石龙洞组		$\in_2sl$	86.3	浅灰—深灰色至褐灰色中—厚层状白云岩、块状白云岩，上部为含少量钙质及少量燧石团块的地层
					天河板组		$\in_2t$	81～377	深灰色及灰色薄层状泥质条带灰岩，含丰富的古杯类和三叶虫化石
					石牌组		$\in_2sh$	294	灰绿色—黄绿色黏土岩、砂质页岩、细砂岩、粉砂岩夹薄层状灰岩、生物碎屑灰岩
			南皋阶		水井沱组		$\in_2s$	168.5	由灰黑色或黑色页岩、碳质页岩夹灰黑色薄层灰岩组成
		滇东统	梅树村阶		岩家河组		$\in_1y$	20～50	灰色硅质泥岩、白云岩、黑色碳质灰岩夹碳质页岩
新元古界	震旦系	上统			灯影组	白马沱段	Z_2d^b	17.5	灰白色厚—中层状白云岩，局部层段硅质条带、结核发育
						石板滩段	Z_2d^s	36	灰黑色薄层含硅质泥晶灰岩，极薄层泥晶白云岩条带发育
						蛤蟆井段	Z_2d^h	133.4	灰色—浅灰色中层夹厚层白云岩

续表 2-1

年代地层单位				岩石地层单位			代号	厚度(m)	岩性简述
界	系	统	阶	群	组	段			
新元古界	震旦系	下统			陡山沱组	4 段	Z_1d^4	0～8.4	黑色薄层硅质泥岩、碳质泥岩夹透镜状灰岩
						3 段	Z_1d^3	35.8	下部为灰白色厚层夹中层状白云岩；上部为薄层状粉晶白云岩
						2 段	Z_1d^2	235	深灰色—黑色薄层泥质灰岩、白云岩与薄层碳质泥岩不等厚互层状
						1 段	Z_1d^1	3.3～5.5	灰色、深灰黑色厚层含硅质白云岩，发育帐篷构造
新元古界	南华系				南沱组		Nh_2n	36～63	灰绿色夹紫红色块状冰碛砾岩、含冰砂砾泥岩，偶见薄层粉砂质泥岩
					莲沱组	上段	Nh_1l^2	39～63	紫红色及灰白色凝灰质砂岩和紫褐色及黄绿色砂岩、砂质页岩
						下段	Nh_1l^1	91～103	红色、棕紫色及黄绿色粗—中粒长石石英砂岩及长石砂岩
中元古界				崆岭(岩)群	庙湾(岩)组		Pt_2m	864.12	具条带、条纹构造的斜长角闪片岩，夹石英岩、角闪斜长片麻岩及石榴角闪片岩
					小以村(岩)组		Pt_2x	799.85	中、下部为含石墨黑云斜长片麻岩，大理岩，钙硅酸盐岩-石英岩组合；上部为斜长角闪岩夹黑云斜长片麻岩、石英片岩及富铝片麻岩与片岩；顶部偶见大理岩透镜体
					古村坪(岩)组		Pt_2g	大于 812	黑云(角闪)斜长片麻岩(或变粒岩)夹斜长角闪岩

(一)元古宇

实习区元古宇出露以新元古界为主，中元古界也有不少出露，古元古界除宜昌县、兴山县有少量出露水月寺岩群的片麻岩、片岩、斜长角闪岩、石英岩及大理岩外，很少出露，以后不再叙述。

1. 中元古界崆岭(岩)群(Pt_2K)

由李四光等(1924)在省境长江三峡峡东地区创建的“崆岭片岩”演变而来。谢家荣等(1925)将“三斗坪群”中黄陵花岗岩之外的其他片麻岩与片岩称为“前震旦系结晶片岩、片麻岩”。北京地质学院(1950)将宜昌西部黄陵穹隆核部黄陵花岗岩之外的变质岩系称为“崆岭群”，并自下而上分为古村坪组、小以村组、庙湾组，时代归属前震旦纪。湖北省区测队(1984)将黄陵穹隆黄陵花岗岩体以南宜昌棒子厂一带的崆岭群划分为上、中、下 3 个岩组，时代归属元古宙。湖北省区域地质志(1990)则将黄陵穹隆核部除黄陵花岗岩体和太平溪超基性岩体之外的所有中高级变质岩系均称“崆岭群”，内部仅划分上、中、下 3 个岩组。时代归属新晚太古代—古元古代。鄂西地质大队(1990)将“崆岭群”的地质实体仅指“黄陵花岗岩体以南黄陵新穹南部结晶基底这套古老的变质岩系，内部自下而上仍沿用古村坪组、小渔村组、庙湾组，时代则归属为中元古代。1996 年湖北岩石清理行动中改称崆岭（岩）群，内部各组仍沿用其相应名称为古村坪（岩）组、小以村（岩）组、庙湾（岩）组。

1）古村坪（岩）组（Pt_2g）

古村坪（岩）组是一套巨厚层的黑云（角闪）斜长片麻岩（或变粒岩）夹斜长角闪岩组成的变质岩系，其特征是岩石组合稳定、单一，中、下部均不含石墨、大理岩，上部开始零星出现含石墨（矽线石）黑云斜长片麻岩，与上覆小以村（岩）组的大量含石墨片麻岩呈整合接触，下部因黄陵花岗岩的侵入而不完整。厚度大于 812m。

地质特征及区域变化：本组出露于宜昌市邓村地区古村坪跳鱼滩、红桂香、梅家湾及长岭—石牌岭等地，组成梅纸厂向斜的北翼。自下而上，斜长角闪岩夹层由多变少，上部尚见夹少量含黑云长石石英岩、含石墨（或矽线石）黑云斜长片麻岩及黑云变粒岩。在区域上，本组延伸稳定，岩貌单一，岩石有轻度混合岩化现象。据岩石地球化学特征判别，本（岩）组原岩属玄武质、英安质、安山质、流纹质火山岩，陆源碎屑岩很少。

2）小以村（岩）组（Pt_2x）

小以村（岩）组中、下部为含石墨黑云斜长片麻岩，大理岩，钙硅酸盐岩-石英岩组合；上部为斜长角闪岩夹黑云斜长片麻岩、石英片岩及富铝片麻岩与片岩，顶部偶见大理岩透镜体。底部以开始大量出现含石墨片麻岩及长石石英岩为标志与下伏古村坪（岩）组分界，呈整合接触；上与庙湾（岩）组整合接触。厚度为 799.85m。

地质特征及区域变化：本（岩）组主要出露在夷陵区梅纸厂地区的天宝山、小趋村、猴子寨、青龙包、郭家垭、小溪口、白虎包、碑坪垭和橙树坪等地，组成梅纸厂向斜、端坊溪背斜及一些北东向小型褶皱的翼部。该（岩）组底部以长石石英岩与大量含石墨片麻岩组合为标志，与下伏古村坪（岩）组整合分界。（岩）组下部以黑云斜长片麻岩为主，夹有含石墨黑云斜长片麻岩、含石墨黑云片岩、含黑云长石石英岩、含矽线石榴黑云斜长片麻岩、含石榴红柱二云石英片岩、黑云矽线红柱石英片岩以及少量黑云变粒岩与斜长角闪岩，即以富含石英岩、石墨、富铝矿物的片麻岩为特征，构成（岩）组下富铝层。中部则以大理岩及钙硅酸盐岩为主，夹黑云斜长片麻岩及少量石英岩与斜长角闪岩，方解白云石（白云石、方解石）大理岩与透闪透辉岩、透辉岩、含方解斜长透辉岩及含方解透闪岩等钙硅酸盐岩共生，并且在区域上稳定延伸构成了显著的标志。上部以斜长角闪岩为主体，间有各类角闪岩及长英质、钙硅酸盐质、铁镁质、富铝质的石英片岩，角闪片岩或石英片岩，以及多种类石英岩产出，显示其特有的岩貌。同时，石榴子石在上部各类岩石中普遍存在，并常与红柱石、矽线石、蓝晶石和刚玉等共生，构成了小以村（岩）组上部富铝层。

3）庙湾（岩）组（Pt_2m）

庙湾（岩）组为一套厚度巨大、岩性单一的，具条带、条纹构造的斜长角闪片岩，夹石英岩、角闪斜长片麻岩及石榴角闪片岩。以巨厚—厚层状斜长角闪片岩的出现与下伏小以村（岩）组整合分界，顶被震旦纪莲沱组不整合覆盖。厚度为 864.12m。

地质特征及区域变化：本（岩）组出露于宜昌市梅纸厂雀家坪、庙湾、青树岭、欢喜垭一带，构成梅纸厂向斜核部。该组以薄层状、中一厚层状、巨厚层状斜长角闪片岩为主，发育硅质条带、条纹构造，夹有石英岩、角闪斜长片麻岩，在区域上延伸稳定。斜长角闪片岩的岩石地球化学特征反映其为海相喷发的玄武岩变质而成。因此，该（岩）组代表了崆岭（岩）群形成时代晚期玄武岩浆喷溢作用的产物。

4)崆岭(岩)群的时代讨论

崆岭(岩)群的原岩成岩时代被推定为中元古代,主要依据如下。

(1)崆岭(岩)群不但被黄陵花岗岩与太平溪超基性岩所侵入,而且被震旦纪莲沱组不整合覆盖。

(2)鄂西地质大队在崆岭(岩)群小以村(岩)组与庙湾(岩)组中曾采集到丰富的疑源类化石,如 *Trachysphaetidium simplea*, *Liopsophosphaera minor*,与北方长城纪特有的壳很薄、纹饰简单疑源类化石相当,仍然是一种相对原始的分子,“这些化石的分布层位比较稳定。虽然从建立这些属、种到现在已有近 20 年的时间,但至今未在更高的地层中发现”(邢裕盛等,1985)。但绝大多数为长城纪—蓟县纪具有承先启后和穿时的微古植物群,如 *Leiopsosphaera apertus*, *Ldensa*, *Asperadopsosphaera wumishanensis* 等。从整体来看,上述崆岭(岩)群的疑源类化石形成了从中元古代长城纪—蓟县纪的微古植物群落。

(3)鄂西地质大队于崆岭(岩)群小以村(岩)组含石墨黑云片麻岩中,采取 4 组锆石进行 Pb－Th 法同位素年龄测定,所获数据在韦瑟里尔谐和图上一致曲线的上交点年龄值为(1991±30)Ma。同时,在庙湾(岩)组的斜长角闪岩中采取 6 种样品进行 Sm－Nd 法测定,所获数据的全岩等时年龄为(1608±81)Ma。

(4)侵入于崆岭(岩)群的太平溪基性-超基性杂岩体的梅纸厂基性-超基性序列各单元岩石 Sm－Nd 法等时线年龄为(1282±86)Ma;侵入于崆岭(岩)群的三斗坪角闪黑云英云闪长岩锆石 U－Pb 法同位素年龄数据在韦瑟里尔谐和图一致曲线上交点年龄为(931±38)Ma。此外,构成黄陵花岗岩深成杂岩体主体的黄陵庙花岗岩序列,不但侵入于崆岭(岩)群,而且侵入于梅纸厂序列与茅坪序列(包含三斗坪侵入体)。这些侵入体均被震旦纪莲沱组不整合覆盖。因此,它们的年龄数据与相互关系为确定原岩成岩时代为中元古代提供了重要佐证。

2.新元古界

实习区新元古界包括南华系(成冰系)和震旦系(埃迪卡拉系),自下而上分为莲沱组、南沱组、陡山沱组和灯影组。

1)莲沱组(Nh_1l)

莲沱组系刘鸿允、沙庆安(1963)所创的莲沱群演变而来。该地层曾为李四光等(1924)、王日伦(1960)、赵宗溥(1954)、湖北省地质矿产局地质科学研究所(1962)、湖北省区域地质测量队(1970)、中南地区区域地层表缩写组(1974)置于南沱组下部。刘鸿允等(1963)将其独立分出创名为莲沱群。湖北省地质局三峡地层研究组(1978)改称莲沱组,从此广为引用。

莲沱组指黄陵花岗岩与南沱组之间的一套紫红—暗紫红色的中—厚层状砂砾岩、含砾粗砂岩、长石石英砂岩、石英砂岩、细粒岩屑砂岩、长石质砂岩夹凝灰质岩屑砂岩,含砾岩屑凝灰岩。由下而上碎屑粒度由粗变细,顶界与南沱组冰碛砾岩底面呈平行不整合接触;底界与黄陵花岗岩呈不整合接触。本组岩性可分为两段:下段为紫红色、棕黄色中厚层—厚层状砂砾岩,含砾粗砂岩,长石质砂岩,凝灰质砂岩,凝灰岩等,底部有时具砾岩,厚 39～63m;上段为紫红色、灰绿色中厚层状细粒岩屑砂岩,长石质砂岩夹凝灰质岩屑砂岩,晶屑、玻屑凝灰岩等,厚 91～105m。

据赵自强等(1988)研究,本组产微古植物共计 11 属、19 种。其中主要是球藻亚群:*Leiopsophosphaera minor*, *Trachysphaeridium plamum* 等,另外,赵自强等(1985)采自峡东莲沱组层凝灰岩中锆石的 U－Pb 年龄为(748±12)Ma。

2)南沱组(Nh_2n)

Blackwelder(1907)于宜昌市南沱创名，李四光等(1924)称南沱层，后王日伦(1960)称“南沱组”，刘鸿允、赵庆安(1963)修定，限李四光、王日伦等的南沱层或南沱组中之冰碛岩为南沱组，此后广为引用。

南沱组为灰绿色、紫红色冰碛泥砾岩(杂砾岩)，上部夹层状砂岩透镜体，冰碛砾岩(杂砾岩)中的砾石分选性差，表面具擦痕，与上覆陡山沱组白云岩及下伏莲沱组凝灰质细砂岩均呈平行不整合接触。厚度为 50～200m。

赵自强等(1988)在南沱组中已发现古植物 11 属 24 种，其中主要为球藻亚群的 *Leiopsophosphaera minor*，*Trachysphaeridium nigousum* 等及柱面藻亚群、带状藻类、褐藻碎片等。

3)陡山沱组(Z_1d)

陡山沱组系李四光等(1924)创名的陡山沱岩系演变而来。命名地点在宜昌市陡山沱。北京地质学院(1961)将这段地层置于灯影群的下部，称陡山沱组，中国地质科学研究院地质研究所(1962)将它归属于灯影组下部，称陡山沱层，刘鸿允等(1963)改称陡山沱组。此后，一直为大家沿用。

陡山沱组整合在灯影组之下，平行不整合于南沱组之上，顶部以黑色碳质页岩与上覆灯影组分界，底部一层盖帽白云岩与下伏南沱组分界。自下而上可以分为 4 段。陡山沱组一段为灰色、深灰黑色厚层含硅质含燧石结核白云岩，薄—中层状白云岩，灰质白云岩，厚度为 3.3～5.5m。陡山沱组二段为深灰—黑色薄层泥质灰岩、白云岩夹薄层碳质泥岩，呈不等厚互层状韵律，含泥质和硅质磷质结核，厚度为 235m。陡山沱组三段下部为灰白色厚层夹中层状白云岩、粉晶—细晶白云岩，燧石结核及条带发育，上部为薄层状粉晶白云岩，厚度为 835m。陡山沱组四段为黑色薄层硅质泥岩、碳质泥岩夹透镜状灰岩，厚度为 0～8.4m。

陡山沱组的黑色页岩及含磷白云岩中含有丰富的微古植物化石，据赵自强等(1988)的统计有 50 属、约 90 种。主要有球藻亚群，棱形藻亚群及开口的球形微古植物等。特别是在该组中钙质海绵、硅质海绵、几丁虫类等的出现，表明本组时代为震旦纪早期。

4)灯影组(Z_2dn)

灯影组系李四光等(1924)创建的“灯影石灰岩”演变而来。命名地点在宜昌市西北 20km 长江南岸石牌村至南沱村的灯影峡。该地层曾被北京地质学院(1961)称为“灯影群上部灯影组”。中国地质科学院(1962)将陡山沱层与灯影灰岩合称灯影组，刘鸿允等(1963)将灯影石灰岩称灯影组，后为大家沿用。赵自强等(1985)曾将灯影组自下而上分为蛤蟆井段、石板滩段、白马沱段及天柱山段。现天柱山段时代划归寒武纪，因此灯影组为三段。

灯影组指平行不整合于牛蹄塘组(水井沱组)之下、整合于陡山沱组之上的一套地层，岩性三分：下部蛤蟆井段为灰—浅灰色中层夹厚层内碎屑白云岩，细晶白云岩，含硅质细晶白云岩，厚度为 134.4m；中部石板滩段为深灰色、灰黑色薄层含硅质泥晶灰岩，偶夹燧石条带，极薄层泥晶白云岩条带发育，产宏观藻类，厚度为 36m；上部白马沱段为灰白色厚—中层状白云岩，夹中层—薄层状细晶白云岩，局部层段硅质条带、结核发育，顶部硅磷质白云岩产小壳化石，厚度为 17.5m。

在峡东地区对灯影组古生物进行过系统的采集与研究，总计有微古植物 25 个属、55 种，以及后生植物文德带藻属与基拉索带藻属、软体后生动物及其遗迹化石等，顶部产小壳化石。

时代为震旦纪晚期。

(二)古生界

实习区寒武系有滇东统($\in_1$)岩家河组、黔东统($\in_2$)水井沱组、石牌组、天河板组、石龙洞组、武陵统($\in_3$)覃家庙组以及寒武系(武陵统—芙蓉统)—奥陶系娄山关组;奥陶系有南津关组、分乡组、红花园组、大湾组、牯牛潭组、庙坡组、宝塔组、五峰组;志留系有龙马溪组、新滩组、罗惹坪组、纱帽组。

1.寒武系

传统的寒武系划分为下、中、上三个统,最新研究的寒武系划分方案为四分,即滇东统($\in_1$)、黔东统($\in_2$)、武陵统($\in_3$)和芙蓉统($\in_4$)。

1)岩家河组($\in_1 y$)

岩家河组为马国干、陈国平(1981)创名,标准地点在宜昌三斗坪岩家河。原归属于水井沱组底部非三叶虫段。其岩性主要是灰色硅质泥岩、白云岩、黑色碳质灰岩夹碳质页岩,厚度为20～50m。与下伏灯影组、上覆水井沱组均为连续沉积。小壳化石可以分为上、下两个组合,下组合 *Circotheca -Anabarites -Protohertzina*,上组合 *Avalitheca -Obtusocolis -Aldanella*,可与梅树村阶第1、2组合对比。

2)水井沱组($\in_2 s$)

1957年张文堂从李四光(1921)所创立的石牌页岩下部发现一套新的三叶虫动物群层位,其中不含 *Redlichia*,遂创建水井沱组一名,标准地点在宜昌石牌村东南约400m的水井沱。后经北京地质学院(1960)及张树森等(1978)修订后,水井沱组含义是由灰黑色或黑色页岩、碳质页岩夹黑色薄层石灰岩组成,含三叶虫:*Sinodiscus shipaiensis*,*S. similis*,*S. changyangensis*,*Tsunyidiscus ziguiensis*,*T. sanxiaensis*,*Hubeidiscus orientalis*,*H. elevatus*,以及腕足类、海绵骨针、软舌螺等,与下伏地层呈整合或平行不整合接触。

水井沱组岩性比较稳定,一般下部以碳质页岩为主夹灰岩或白云质灰岩;上部以灰岩为主夹黑色页岩或碳质页岩。厚度为168.5m。水井沱组的三叶虫以古盘虫亚目的佩奇虫科分子为主,被称为峡东型动物群。其次有莱德利基虫目内的莱德得利基虫科的分子。它们都是湖北省早寒武世早期的典型动物群分子。可与陕西南郑、宁强、勉目、镇巴等地的郭家坝组(或水井沱组),以及川西南、云南一带的筇竹寺组,四川城口一带的凉水井组对比,属黔东统($\in_2$)。

3)石牌组($\in_2 sh$)

石牌组由李四光等(1924)创名的"石牌页岩"演变而来。创名地点在宜昌市北20km长江南岸的石牌村。经张文堂等(1957)、北京地质学院(1960)、湖北三峡地层组(1978)等的多次修正,厘定"石牌页岩"黑色地层之上的非黑色岩系为石牌组。统一采用鄂西峡东地区经湖北三峡地层组(1978)厘定的石牌组含义。

石牌组由一套灰绿—黄绿色黏土岩、砂质页岩、细砂岩、粉砂岩夹薄层状灰岩、生物碎屑灰岩组成,含三叶虫化石。底界以灰绿色砂质页岩与水井沱组黑色页岩夹灰黑色薄层灰岩呈整合接触;顶界以页岩、粉砂岩夹灰岩与天河板组灰色泥质条带灰岩呈整合接触。

石牌组化石丰富,以产 *Redlichia* 的三叶虫群为特征,其中主要有 *R. kobayashii*,*R. meitanensis*,*Palaeolenus latenoisi*,*Cootenia yichangensis*,*lchanngia conica*,*Neocobboldia hubelensis* 等,尚有腕足类,说明本组属都匀期($\in_2$)早期。

4)天河板组($\in_2 t$)

天河板组系张文堂等(1957)创建的"天河板石灰岩"演变而来。创名地点在宜昌市西北约20km,石牌村至石龙洞之间的天河板。

天河板组整合于石牌组之上、石龙洞组之下,由深灰色及灰色薄层状泥质条带灰岩组成,局部夹少许黄绿色页岩及鲕状灰岩,含丰富的古杯类和三叶虫化石。下以泥质条带灰岩与石牌组灰绿色薄层状砂质页岩分界;上以泥质条带灰岩与石龙洞组的厚层状白云岩分界。厚度为88～108m。

天河板组盛产古杯类和三叶虫化石,古杯类主要有 *Achaeocyathus hupehensis*, *A. yichangensis*, *Retecyathus kusmini*, *Protopharetra* sp., *Sanxiacyathus hubeiensis*, *S. typus* 等。三叶虫主要有 *Megapalaeolenus deprati*, *M. obsoletus*, *Palaeolenus minor*, *Kootenia ziguiensis*, *Xilingxia convexa*, *X. yichangensis* 等,天河板组时代为都匀期($\in_2$)中期。

5)石龙洞组($\in_2 sl$)

石龙洞组系王钰(1938)创建的"石龙洞石灰岩"演变而来。创名地点在宜昌市西北约18km长江南岸石龙洞。张文堂等(1967)厘定原"石龙洞石灰岩"内中、上部不含古杯类化石的大套厚层状白云岩称"石龙洞石灰岩"(狭义)。此后广为沿用,遂称石龙洞组。

石龙洞组系一套浅灰—深灰色至褐灰色中—厚层状白云岩、块状白云岩,上部含少量钙质及少量燧石团块的地层;底以厚层状白云岩与下伏天河板组泥质条带灰岩呈整合接触;顶以厚层状白云岩与上覆覃家庙组亦为整合接触。厚度为86.3m。

该组生物化石稀少,仅在通山珍珠口、南漳朱家峪两地采到了三叶虫化石:前处有 *Reldlichia* sp., *Yuehsienszella* sp.;后处有 *Redlichia* sp., *R.* (*Redlichia*) *guizhouensis coniformis*, *R.* (*Pteroredlichia*) *murakami*。根据上列三叶虫,石龙洞组时代属于都匀期($\in_2$)晚期。

6)覃家庙组($\in_3 q$)

覃家庙组系王钰(1938)创建的"覃家庙薄层石灰岩"演变而来。创名地点在宜昌市覃家庙。卢衍豪(1968)改称覃家庙群,孙振华等(1988)称覃家庙组,湖北省区域地质测量队(1968)创建为"茅坪组",汪啸风等(1987)恢复为覃家庙群,湖北省地矿局(1996)清理经邻省区的协调意见,采用覃家庙组。

覃家庙组指石龙洞组和娄山关组(三游洞组)两套厚层碳酸盐岩层之间的一套以薄层状白云岩和薄层状泥质白云岩为主,夹有中—厚层状白云岩及少量页岩、石英砂岩的岩层,岩层中常有波痕、干裂构造,并有石盐和石膏假晶的地层。上与娄山关组(三游洞组)中—厚层状白云岩呈整合接触;下与石龙洞组厚层状白云岩呈整合接触。

该组已获得三叶虫的主要分子有 *Solenoporia trogus*, *S.? pingshanpaensis*, *Xingrenasipis grenaspts*, *Scopfaspis hubeiensis*, *S. zhoojipingensis*,尚有腕足类等化石。据此,覃家庙组时代属台江期($\in_3$)。

7)娄山关组($\in_3 O_1 l$)

系丁文江(1930)所创建、1942年发表的"娄山关石灰岩"演变而来。创名地点在贵州省遵义与桐梓间的娄山关。此后,一直为广大地质工作者所沿用。

娄山关组为南津关组与覃家庙组或石龙洞组间的一套灰—浅灰色薄层至块状微细晶白云岩、泥质白云岩夹角砾状白云岩,局部含燧石的地层序列。下以灰色、灰绿色粉砂质白云质泥岩及中厚层、厚层白云岩消失与覃家庙组分界;上以浅灰色、灰白色中—薄层白云岩的消失与南津关组生物碎屑灰岩分界。厚度为 673.37m。

本组一般化石稀少，目前在一些含灰质较高的灰质白云岩、白云质灰岩、灰岩中获得较好的三叶虫化石。如咸丰丁砦、土乐坪，恩施椿木槽、茶山至太阳河，宜昌新坪等地，于本组下部靠上层位中含三叶虫 *Paranomocare hubeiensis*，*P. guizhouensis*，*Paramenocephalites acis*，*Xianfengia binodus*，*X. puteata*，*Crepicephalina hubeiensis*，*Poshania* sp. 等。据此，该层位应属中寒武世晚期。于本组中下部产三叶虫 *Fangduia subeylindrlca*，*Artaspis xianfengensis*，*Liaoningaspis sichuanensis*，*Stephanoare* sp.，*Blackwelderia* sp. 等，相当于我国晚寒武世早期。于本组中上部产三叶虫 *Enshia typica*，*E. brevica* 等，上部产三叶虫 *Saukia enshiensis*，*Calvinella striata* 等及牙形石 *Teridontus nakamurai*，*Eoconodontus notchpeakensis*，*Cordylodus proavus*，根据这些化石说明本组中上部至上部是寒武系武陵统上部（$\in_3$）至芙蓉统（$\in_4$）。本组顶部（距顶界 7～40m 不等）产牙形石，主要以 *Hirsutodontus simplex*，*Moncostodus sevierensis* 等为特征，其所在层位应属早奥陶世早期。总之，本组时代为由寒武纪武陵晚期至早奥陶世特马豆克期，是一个穿时较长的岩石地层单位。

2. 奥陶系

1）南津关组（O_1n）

南津关组系张文堂（1962）所创的“南津关石灰岩组”演变而来。创名地点在湖北宜昌南津关。该地层为李四光、赵亚曾（1924）“宜昌石灰岩”的上部，王钰（1938）“三游洞石灰岩”的顶部和分乡统，许杰、马振图（1948）“宜昌建造”的下、中部，杨敬之、穆恩之（1951，1954）“宜昌建造”和分乡页岩。湖北省地质局（1978）将张文堂（1962）所创名的“南津关石灰岩组”分为南津关组和分乡组。湖北省地矿局（1996）将南津关组和分乡组合并称为南津关组，本书中的南津关组采用湖北省地质局（1978）的划分方案。

南津关组指整合于娄山关组与红花园组之间的一套浅灰色、灰色中至厚层状碳酸盐岩为主的地层序列。底部为生物碎屑灰岩、灰岩，含三叶虫、腕足类等化石，下部为白云岩；中部为含燧石灰岩、鲕状灰岩、生物碎屑灰岩、含三叶虫；上部为生物碎屑灰岩夹黄绿色页岩，富含三叶虫、腕足类等。其底界以生物碎屑灰岩的出现为标志。厚度为 209.77m。

本组底部和上部普遍含有较丰富的三叶虫、笔石和腕足类，从下至上含有丰富的牙形石，尚有头足类、介形虫等化石。其中三叶虫主要以 *Asaphellus inflatus*，*Dactylocephalus dactyloldes*，*Asaphopsis immanis*，*Szechuanella szechuanensis*，*Tungtzuella szechuanensis* 等为代表；笔石为 *Dictyonema asiaticum*，*D. belliforme yichangensis*，*Callograptus curoithecalis*，*Dendrograptus yini*，*Acanthograptus sinensis*，*Adelograptus* sp. 等；牙形石以 *Codylodus angulodus*，*Sanxiagnathus sanxiaensis*，*Acanthodus costalus*，*Glyptoconus quadraplicatus*，*Paltoeusdeltiferpristinus*，*P. dehifer deltifer*，*Acodushamulus*，*Drepanoistodus pitjanti*，*Triangulodus bicostatus* 等为代表。以上化石足以说明本组时代属于早奥陶世早期。

2）分乡组（O_1f）

分乡组一名系由张文堂（1962）率先从王钰（1938）的分乡统引申而来的，标准地点在宜昌分乡镇西边女娲庙北山坡上。

分乡组下部灰色中厚层砂屑生物碎屑鲕粒灰岩夹灰绿色薄层状泥岩或呈不等厚互层；上部灰色薄层生物碎屑灰岩夹泥岩。厚度为 22～54m。分乡组各门类化石均较丰富，笔石化石主要分布于上部，包括两个笔石化石带，下为 *Acanthograptus sinensis* 带，上为 *Adelogruptus -Kiaerograptus* 带，三叶虫主要有 *Dactylo phalus*，*Psilocephalina*，*Szechuanella* 及 *Asaphopsis*，*Tunghzuella*，*Goniophrys*，*Coscnia*，*Protopliomerops*，*Parapilekia*；牙形石主要有 *Paltodus deltifer*，*Acodus hamulosus*，*Paroitodus inistus*。分乡组时代为特马多克期。

3）红花园组（O_1h）

红花园组系张鸣韶、盛莘夫（1940）创名，刘之远（1948）介绍的“红花园石灰岩”演变而来。张文堂（1962）称红花园石灰岩组。嗣后，穆恩之等（1979）将黄花场剖面富含头足类、腕足类及海绵化石之灰黑色厚层灰岩转为红花园组。从此以后，在岩性方面均循穆氏之见。

红花园组指整合于南津关组灰岩夹页岩或灰岩之上，大湾组页岩之下，由灰色、深灰色中至厚层状夹薄层状微至粗晶灰岩，生物碎屑灰岩组成，常含燧石结核和透镜体，下部偶夹页岩，含丰富的头足类、海绵骨针及三叶虫、腕足类化石。局部成瓶筐石生物礁。厚度为 45.9m。

本组除富含头足类、海绵骨针外，还有牙形石、腕足类、三叶虫等化石，其中头足类为 *Coresanoceras*，*Manchuroceres*，*Clitendoceras*，*Oderoeras*，*Chaohuceras*，*Recorooceras*，*Hopeioceras*，*Kerkoceras*，*Teratoceras*，*Belmnoceras* 等；海绵骨针有 *Achaeocyathus* (*Achaeocyathus*) *chihiensis* 等；牙形石主要有 *Triangulodus bicostatus*，*Tropodus yichangensis*，*Acodus suberectus*，*Serratognathus* sp.。时代为早奥陶世。

4）大湾组（$O_{1-2}d$）

大湾组系张文堂等（1957）创名的“大湾层”演变而来。创名地点在宜昌县分乡场女娲庙大湾村。张文堂（1962）将“大湾层”扩大而包括计荣森（1940）的“湄潭页岩”和李四光等（1924）的“扬子贝层”，称大湾组。此后一直为大家沿用。

大湾组为一套富含腕足类、三叶虫、笔石等泥质较高的碳酸盐岩地层。与上覆牯牛潭组中厚层状灰岩和下伏红花园组深灰色厚层状含头足类粗生物碎屑灰岩均呈整合接触。自下而上分为 3 段：一段为灰绿色、深灰色、浅灰色薄层含生物碎屑泥晶灰岩，微晶灰岩间夹极薄层黄绿色页岩，厚度为 25.5m；二段为紫红色、灰绿或浅灰色薄层生物碎屑泥晶灰岩，瘤状泥晶灰岩，夹少许钙质泥岩，厚度为 7.7m；三段为黄绿色薄层粉砂质泥岩夹生物碎屑灰岩或呈不等厚互层状，厚度为 21.55m。

本组生物化石特别丰富，其中以笔石、牙形石、头足类、腕足类和三叶虫等研究较详细。据汪啸风等（1983）研究，大湾组笔石从下而上建立 4 个笔石带：①*Didymograptus bifidus* 生物带；②*Azygograptus suecicus* 带；③*Glyptograptus sinodentatus* 带；④*G. austrodentatus* 带。据倪世钊等（1987）研究，本组牙形石从下而上建立 4 个牙形石带：①*Oepikodus evae* 带；②*Baltoniodus triangularis* 带；③*Baltoniodus navis* -*Paroistodus parallelus* 带；④*Paroistodus originalis* 带。其中 1～3 带产于本组下部，4 带产于本组中部。据赖才根、徐光洪（1987）研究，本组头足类从下而上建立 3 个带：①*Bathmoceras* 带；②*Protocycloceras depraty* 带；③*Protocycloceroides* -*Cochlioceroides* 组合带。腕足类以 *Yangtzeella*，*Sinorthis*，*Martellia*，*Leptella*，*Lepidorthis*，*Euorthisina* 等属特别繁盛。据卢衍豪（1975）研究三叶虫有 37 个属种，后经项礼文、周天梅（1987）的进一步研究建立两个带，下部为 *Pseudocalymenea cylindrica* 带，上部为 *Hanchungolithus* (*Ichangolithus*)带。总之，综上所述，本组时代主要属早奥陶世弗洛期—中大坪期为主，顶部进入达瑞威尔阶。其中大坪阶的“金钉子”就在宜昌黄花场，以牙形石 *Baltoniodus triangularis* 的首现作为大坪阶底界。

5）牯牛潭组（O_2g）

牯牛潭组系张文堂等（1957）所创建的“牯牛潭石灰岩”演变而来。创名地点在宜昌市分乡场牯牛潭。指整合于大湾组和庙坡组之间的一套青灰色、灰色及紫灰色薄至中厚层状生物碎屑泥晶灰岩，砾屑灰岩与瘤状泥质灰岩互层，富含头足类和三叶虫等化石的地层序列，均以页岩（泥岩）的结束或出现作为划分其底、顶界线的标志，厚度为20.6m。

本组化石中以头足类最为丰富，其次有牙形石、腕足类和三叶虫等。其中，头足类以 *Dideroceras wahlenbergi* 为代表产于本组下部，与下伏大湾组关系密切；上部以 *Ancistroceras* 和 *Paradnatoceras* 为代表。据倪世钊等（1983）研究，牙形石可建立上部 *Eoplacognathus fohaceus* 带，下部 *Amorphognathus variabilis* 带；腕足类有 *Yangtzeella*，*Nereidella*，*Skenidioides* 等属；三叶虫有 *Remopleurides*，*Nileus*，*Illaelus*，*Asaphus*，*Megalaspides*，*Birmanites*，*Lonchodomaas* 等属种。

6）庙坡组（$O_{2-3}m$）

庙坡组系张文堂等（1957）创建的“庙坡页岩”演变而来。创名地点在宜昌县分乡场庙坡。张文堂（1962）称庙坡页岩组，湖北省区域地质测量队（1970）称庙坡组，除卢衍豪等（1976）、湖北三峡地层组（1978）和张建华等（1992）将庙坡组的下界扩至牯牛潭组顶部灰岩内之外，其他人均沿用张文堂等（1957）创建的庙坡页岩含义，即以页岩的出现和消失为其底、顶界线，称庙坡组。

庙坡组指整合于牯牛潭组和宝塔组两套碳酸盐岩地层体之间的一套黄绿色、灰黑色钙质泥岩，粉砂质泥岩，黄绿色页岩夹薄层生物碎屑灰岩透镜体，富含笔石，亦有三叶虫、头足类等化石。它与上、下地层的岩性界线明显，即以泥岩（页岩）的出现和消失为其底、顶界。厚度为3.1～6.6m。

本组富产笔石、三叶虫、介形虫以及腕足类、头足类、牙形石等化石。其中笔石可分上、下两个带：上部为 *Nemagraptus gracill*s 带，下部为 *Glyptograptus teretiusculus* 带。三叶虫主要为 *Birmanites Nileus*，*Telephina lonchodomas*，*Atractpyge*，*Tangyaia lllaenus*，*Reedocalymane*，*Bumatus* 等。牙形石由下而上可建3个带：①*Pygodus serra*；②*P. anserinus* 带；③*Prioniodus alobatus* 带。头足类以 *Lituites*，*Cyclolituites* 等为代表。从以上化石来看，本组属于中奥陶世晚期到晚奥陶世早期。

7）宝塔组（O_3b）

宝塔组系李四光等（1924）所创名的“宝塔石灰岩”直接引申而来，这是我国唯一用化石形态特征创名的一个地层单位名称。创名地点在秭归新滩龙马溪雷家山（曾误称艾家山）。杨敬之、穆恩之（1954）将宝塔石灰岩限于含 *Sinoceras chinense* 的石灰岩（厚13m），张文堂等（1957）将杨、穆二氏艾家山建造顶部厚5m含 *Glytograptus teretiusculus* 带的黑色页岩分出创名庙坡页岩，遂将宝塔石灰岩含义限于庙坡页岩与临湘石灰岩之间含 *Sinoceras* 的青灰色泥质薄层灰岩和暗紫色干裂纹石灰岩。此后，大家基本承袭这一意见。

宝塔组为灰色、浅紫红色或灰紫红色中厚层收缩纹泥晶灰岩夹瘤状泥晶灰岩，以产头足类 *Sinoceras sinensis* 为其特点。厚度为8.4～18.4m。

本组含有丰富的头足类，以及牙形石、三叶虫、腕足类和介形虫等化石。其中头足类以 *Sinoceras chinense* 与 *Elongaticeras*，*Eosomichilinoceras*，*Dongkaloceras* 等为主要特色；牙形石以 *Hamarodus europaeus*，*Protopanderodus insculptus* 为代表；三叶虫主要产于本组中、上

部，中部以 *Paraphillipsinella globosa* 为代表，上部以 *Nankinolithus* 为代表。综合上述化石特征，本组时代为晚奥陶世。

8）五峰组（O_3w）

五峰组系由孙云铸（1931）所创立的“五峰页岩”一名演变而来。命名地点在五峰县渔洋关。五峰组分为笔石页岩段和观音桥段。

笔石页岩段　相当于原五峰页岩（孙云铸，1931）或张文堂（1962）的五峰组。岩性为黑灰色风化呈黄绿色、浅紫色或棕黄色的微薄层至薄层状含有机质、石英细粉砂质水云母黏土岩，夹黑灰色微薄层至薄层状微晶硅质岩。厚度为 5.44m。

观音桥段（层）　该地层系由张鸣韶、盛莘夫（1958）在四川綦江观音桥南 2km 五峰页岩之上首次发现。卢衍豪（1959）称为“观音桥层”，张文堂（1964）改为“观音桥组”，盛莘夫（1971）、王汝植（1981）、曾庆生等（1983）改称观音桥段。

观音桥段岩性可分为 3 部分：下部为黑灰色、黄褐色或浅紫灰色含石英粉砂、水云母黏土岩，中部为黄灰色、米黄色或浅紫灰色含石英水云母黏土岩（或流纹质凝灰岩）；上部为黄灰色或浅灰色水云母黏土岩。厚度为 0.17～0.3m。其中的 *Hirnantia* 壳相动物群以产大量 *Hernantia -Kinnella* 为代表的腕足类动物群和以 *Dalmanitina* 为代表的三叶虫群为特点。该动物群主要有腕足类 *Hirnantia*，*Dalmanella*，*Kinnella*，*Paromalomena*，*Eostropheodonta*，*Plectothyrella*，*Hindella* 等 28 属 35 种以及三叶虫 *Dalmanitina*，*Platycoryphe*，*Leonaspis*。

五峰组产大量笔石，有 30 余属，200 多种，建立了 3 个笔石带和 1 个壳相动物群，自上而下为④*Normalograptus persculptus* 笔石带。以 *Normalograptus persculptus* 的首现为该带的底界，以 *Akidograptus ascensus* 的首现为顶界，共生的化石主要有 *N. caudatus*，*N. madernii*，*N. wangjiawanensis*，*Glyptograptus laciniosus* 等。该带所有化石均为双列攀合笔石，并以 *Normalograptus* 占主导，共计 10 属 29 种，以该带的顶界作为“赫南特阶”的顶界。③*Hirnantia* 壳相动物群。② *Normalograptus extraordinarius* 笔石带。主要有 *N. ojsuensis*，*P. uniformis*，*Neodiplograptus modestus*。该带在深水相区（如宜昌）共有 11 属 32 种，其中 *Normalograptus* 多达 9 种，成为该化石带的主要属，以该带的底界作为“赫南特阶”的底界。①*Paraorthograptus pacificus* 笔石带，分为 3 个亚带。*Diceratograptus mirus* 亚带（Ⅲ）：该亚带底界与 *Paraorthograptus pacificus* 笔石带的底界一致，以 *Tangyagraptus typicus* 的首现为顶界，共生的分子除了 *P. brevispinus*，*Leptograptus planus*，*Dicellograptus tumidus* 之外，还有 *Pararetiograptus parvus*，*Pseudoreteograptus nanus*，*Paraplegmatograptus uniformis* 等。*Tangyagraptus typicus* 亚带（Ⅱ）：以 *Tangyagraptus typicus* 的首现为底界，以 *Diceratograptus mirus* 的首现为顶界，共生的分子有 *T. remotus*，*T. flexilis*，*Dicellograptus mirabilis*，*Normalograptus angustus*，*N. normalis* 等。未命名亚带（Ⅰ）：该亚带底界与 *Paraorthograptus pacificus* 笔石带的底界一致，以 *Tangyagraptus typicus* 的首现为顶界，共生的分子除了 *P. brevispinus*，*Leptograptus planus*，*Dicellograptus tumidus* 之外，还有 *Pararetiograptus parvus*，*Pseudoreteograptus nanus*，*Paraplegmatograptus uniformis* 等。

3. 志留系

最新的志留系划分方案为四分，分为上、下两个亚系，下亚系分为下部兰多列维统、上部温洛克统；上亚系分为下部罗德洛统、上部普理道利统。实习区志留系均属下亚系下部兰多列维统。

1）龙马溪组（S_1l）

龙马溪组系李四光、赵亚曾（1924）所创建的“龙马页岩”演变而来。创名地点在秭归县新滩龙马溪。本书龙马溪组是指观音桥层（段）之上，*Akidograptus ascensus* 笔石首现开始，新滩组黄绿色页岩之下的一套富含笔石的黑色、灰绿色薄层粉砂质泥岩、石英粉砂岩，偶夹薄层状石英细砂岩、黄绿色粉砂质泥岩、泥质粉砂岩，偶夹钙质泥岩透镜体。含腕足类和三叶虫化石。在区域上往往被风化呈淡红色至褐紫色、紫灰色。以创名地点的秭归新滩龙马溪村边剖面为组名。龙马溪组产大量笔石化石，自下而上分为4个笔石带。

Akidograptus ascensus 笔石带：以 *Akidograptus ascensus* 的首现为底界，以 *Parakidograptus acuminatus* 的首现为顶界，共生的分子主要有 *Glyptograptus* sp.，*Neodiplograptus bicaudatus* 等。该笔石带共6属22种。

Parakidograptus acuminatus 笔石带：以 *Parakidograptus acuminatus* 的首现为底界，以 *Cystograptus vesiculosus* 的首现为顶界，共生的分子主要有 *Normalograptus premedius*，*N. rectangularis*，*Pseudorthograptus illustris* 等。该笔石带共计12属42种，其中6属为新生属，24种为新生种，新生分子大量出现标志着笔石动物群在该带发生了一次大的变革。

Orthograptus vesiculosus 笔石带：以 *Orthograptus vesiculosus* 的出现为该带的底界，以 *Orthograptus vesiculosus* 大量出现为特征，伴随有 *Dipiograptus modestus*，*D. longiformis*，*Climacograptus rectanguiaris*，*C. normalis*。

Coronograptus cyphus 笔石带：以该带分子出现或以产 *Pseudopemerograptus revolutus*，*Pernerograptus austerus*，*Monoclimacis lunata* 等为标志。当上覆带（新滩组）*Demimurius triangulatus* 出现则本带结束。

2）新滩组（S_1x）

新滩组由 Blackwelder（1907）创建“新滩页岩”演变而来。李四光（1924）称“新滩系”，并进一步划分为“下部龙马页岩”和上部“新滩页岩”。谢家荣、赵亚曾（1925）将“龙马页岩”上界扩大至400m厚处。俞建章、舒文博（1929）引用“新滩系”。自1959年以后，在湖北省境内多以扩大了的龙马溪组（群）、罗惹坪组（群）、纱帽组（群）“新滩系”分别代表志留系下、中、上三统。1977年湖北省地矿局在岩石地层清理中启用“新滩组”一名，但将其含义修订为：龙马溪组与罗惹坪组之间的一套黄绿色页岩、砂质页岩、薄层粉砂岩夹少量薄层细砂岩、波痕发育，产笔石的地层序列。

新滩组富含笔石，以下部居多，向上逐渐减少，尚有少量三叶虫和腕足类化石。据汪啸风等（1987）研究，从下至上建立了3个笔石带：①*Demirastrites convolutus* 带；②*Monograptus sedgwickii* 带；③*Coronograptus? arcuatus* 带。其中第3带可上延至罗惹坪组下部。故本组时代大体为早志留世。

3）罗惹坪组（S_1lr）

罗惹坪组由谢家荣、赵亚曾（1925）创建的“罗惹坪系”演变而来。创名地点在宜昌罗惹坪（又称大中坝）。尹赞勋（1949）对纱帽山剖面进行了重新划分，将其中3～12层，称为罗惹坪群。穆恩之（1962）将罗惹坪群厘定为剖面的7～12层，归于中志留世。湖北三峡地层组（1978）、葛治洲等（1979）、穆恩之等（1982）、汪啸风等（1987）改称罗惹坪组。

罗惹坪组指整合于新滩组与纱帽组之间的地层序列。下部为黄绿色泥岩、页岩夹生物灰岩、泥灰岩或透镜体，产腕足类、笔石等混合相生物群；中部为黄灰色泥岩、钙质泥岩与灰岩或泥灰岩互层，产珊瑚、腕足类等壳相生物群；上部为黄绿色泥岩、粉砂质泥岩，不含灰岩。底以灰岩出现为始，顶以砂岩底面为止。厚度为73.7～172m。

本组下段含丰富的多门类化石，其中腕足类主要以 *Meifodia lissatrypaformts*，*Lisatrypa magna*，*Stricklandia transversa*，*Pentamerus*（*Pentamerus*）*robustus*，*P.*（*sulcupentamerus*）*hubeiensis*，*Apopentamerus hubeiensis*，*Katastrophomena depresa* 及 *Isorthi* sp. 等为代表；珊瑚以 *Palaeofauosites paulus*，*Favosites kogtdaensis*，*F. gothlandicus*，*Heliolites saiairicus*，*Onychophyilum pringlei*，*Halysttes*（*Acanthokalysites*）*pycnoblastoidu yabei*，*Pycnatis elegans* 等为代表；三叶虫以 *Scotokarpes sinensis*，*Sckaryio hubeiensis* 等为代表；笔石以 *Monoclmacis arcuata*，*Giyntograptus sinuatus*，*Pseitdociimacograptus enskiensh* 等为代表，以及牙形石、海百合茎、苔藓虫、头足类、双壳类、腹足类等。上段化石相对逊色单调，其中笔石有 *Climacograptus nebula*，*Pristiograptus variabilisy*，*Oktavites planus* 等；腕足类有 *Katastrophomena maxima*，*K. depressa*，*Lsorthis* sp. 等；三叶虫有 *Latiproetus latilimbatus*，*Luojiaskanta xvangjiaxvanensis* 等，以及鱼化石 *Sinacanthus* 和双壳类、腹足类等。本组时代为早志留世中一晚期。

4）纱帽组（$S_{1-2}sh$）

纱帽组系谢家荣、赵亚曾（1925）创建的“纱帽山层”演变而来。创名地点在宜昌罗惹坪纱帽山。尹赞勋（1949）、穆恩之（1962）厘定纱帽山剖面13～20层为“纱帽群”。中国科学院南京地质古生物研究所（1974）将纱帽群下、中部命名为石屋子组，上部改称纱帽组，湖北三峡地层组（1978）将石屋子组并入罗惹坪组上部，属早志留世，其上为纱帽组。葛治洲等（1979）又弃石屋子组恢复纱帽群，并划分为下、中、上纱帽群。汪啸风等（1987）沿用葛氏等划分意见，改称为纱帽组，划分为四段，将一至三段归于早志留世，第四段归为中志留世。本书沿用。

纱帽组指整合于罗惹坪组黄绿色含粉砂质泥岩之上、平行不整合于云台观组灰白色厚层状石英岩状砂岩之下的地层序列。其下部为黄绿色页岩、泥质粉砂岩、粉砂岩夹砂岩或紫红色细砂岩；上部为灰绿色夹紫红色中厚层状细粒石英砂岩夹中至薄层状粉砂岩、砂质页岩。产腕足类、三叶虫、双壳类等化石。

本组在层型剖面的下部产笔石，主要分子有 *Monograptus marri*，*M.* cf. *drepanoformis*，*Pristiograptus regularris*，*P. variabis* 等，以及三叶虫、腕足类和牙形石 cf. *Pterospathodus celloni*，*Carniodus carnus*，*C. carnudus* 等；中部主要有腕足类 *Nalivkinia* cf. *elongata*，*Eospirifer* sp.，*Isorthis* sp. 等，三叶虫 *Coronocephallus* sp.，*Latiproetus* sp. 等；上部化石稀少，有腕足类 *Strispirifer* sp.。从上述化石来看，属早志留世兰多列维统中、上部。

4. 泥盆系

1）云台观组（$D_{2-3}y$）

云台观组系俞建章、舒文博（1929）创“云台观石英岩”，创名地点为钟祥县东桥镇之南云台观（现属钟祥市大口林场管辖）。岳希新（1948），杨敬之、穆恩之（1951，1953）等称云台观石英岩，此后王钰、俞昌民（1962）改称云台观组，一直沿用至今。

云台观组为一套灰白色中至厚层或块状石英岩状细粒石英砂岩夹少许灰绿色泥质砂岩，区域上有时呈紫红色或肉红色，时夹薄层状粉砂岩或泥岩，底部时具底砾岩或含砾砂岩或黏土岩。平行不整合于志留纪地层的不同层位上，整合于黄家磴组或平行不整合于大埔组，或黄龙组，或梁山组之下。云台观组一般含化石稀少。厚度为85.9m。

2）黄家磴组（D_3h）

黄家蹬组系杨敬之、穆恩之（1951）所创的“黄家磴层”演变而来。创名地点在长阳县马鞍山东墙黄家磴。随后，杨敬之、穆恩之（1953）进一步研究，正式描述了黄家磴剖面，王钰、俞昌民（1962）改称黄家磴组后一直为后人沿用。

黄家磴组以黄绿色、灰绿色页岩，砂质页岩和砂岩为主，时夹鲕状赤铁矿层，含植物和腕足类等化石。与下伏云台观组的纯质石英岩状砂岩和上覆写经寺组底部的泥灰岩、灰岩均呈整合关系，上、下界线均明显易分，由于剥蚀原因，亦可分别伏于大埔组、黄龙组、梁山组或栖霞组等地层之下，其时代属于晚泥盆世。本组是宁乡式铁矿的主要含矿地层。在松滋、宜都、长阳一带一般可见1～3层，有时可达4层，呈似层状或透镜状。其中，本组顶部一层较好，一般厚1～3m，最厚达11m，矿层沿横向变化大，常相变为铁质砂页岩。上述地区向西、向东在层数和厚度上都有递减的趋势或尖灭。厚度为12.8～15m。

本组含有较丰富的动植物化石。其中植物为 *Leptoploeum rhombicum*，*Cyclostigma kiltorkense*，*Archaeopteris macilenta*，*A. fissilis*，*Rhacophyton ceratangium*，*Lepidodendropsis ? arborecens* 等；腕足类有 *Cyrtospirifer anossafioides*，*C. pellizzariformis*，*C. sinensis*，*Lepotodema* cf. *naviformis*，*Tenticospirifer* sp. 等；鱼化石有 *Changyanophyton hupeiense*。综上所述，本组地质时代为晚泥盆世早期，属海陆交互相沉积，下部以陆相为主，上部以海相为主。

3）写经寺组（D_3C_1x）

写经寺组由谢家荣、刘季辰（1929）所创的“写经寺含铁层”演变而来。创名地点在宜都县（现称枝城市）写经寺。后经杨敬之、穆恩之（1951，1953）和江涛（1965）的调查研究才有较明确的层序和含义，湖北省地矿局（1996）将狭义写经寺组和其上的所谓“梯子口组”以岩石组合基本一致为由，并入写经寺组。

写经寺组指整合于黄家磴组与大埔组之间的一套地层序列，其上部称砂页岩段，以灰绿色、灰黑色页岩，碳质页岩，粉砂岩，砂岩为主，时含鲕绿泥石菱铁矿及煤线，含腕足类和植物化石；下部称灰岩段，以灰色、深灰色泥灰岩，灰岩或白云岩为主，时夹页岩及鲕状赤铁矿层或鲕状绿泥石菱铁矿，含腕足类化石。区域上因剥蚀所致上覆地层因地而异。厚度为11.66m。

写经寺组下部灰岩段富含腕足类，亦有苔藓虫、珊瑚和介形虫类等化石。其中腕足类 *Yunnanella abrupta*，*Y. simplex*，*Y. zuangi*，*Yunnanellina hanburyi*，*Y. hunanensis*，*Y. simplex*，*Cyrtospirifer chaoi*，*C. davidsoni*，*C. pellizzarformis*，*Tenticospirifer hayasaki*，*T. tenticuium*，*Producttlla subacideatus*，*Athyis gurdoni*，*Hunanospirifer ninghsiangensis* 等；珊瑚 *Billingsastraea* sp.，*Pseudozaphrentis curvulena* 等；苔藓虫 *Rhombopora*，*Leptotrypa* sp. 及介形虫类等。据此，该部分层位无疑属于晚泥盆世。写经寺组上部砂页岩段下部含植物化石和孢子。其中植物化石主要有 *Hamatophyton verticiliatum*，*Leptopkloeum rhombicumy Cyclostigma kiltorkense*，*Lepidodendropsis hirmeri*，*L. theodori*，*Archaeosigillaria vanuxemi*，*Preleptdodendron yiduense*，*Pseudobomia ursine*，*Barinopkyton citrulliforme*，*Drepanophycus spinaeformis*，*Eolepidodeodron wusihense*，*Subiepidodendron mirabiie* 等。从上述植物化石特征来看，该部分层位仍属晚泥盆世。但本段上部却含较丰富的腕足类、介形虫类、牙形石及少量珊瑚，其中主要的腕足类有 *Schucherteua gelaohoensis*，*S. gueizhouensisi*，*Leptag-*

onia anatoga, *Spirifer attenuatus*, *Crurithyris urei*, *Ptychomaletochia kinlingensis*, *Camarotoeckia kinlingensis* 等；牙形石 *Leiiognathus levis*, *Polygnathus inomatus*, *Pseudopolygrtatkus originalis* 等及少量珊瑚 *Syringpora ramulom* 等。据此，该部层位应属早石炭世，说明写经寺组上部砂岩段是一跨纪地层。

5. 石炭系

1）大埔组（C_2d）

大埔组系张文佑（1944）所创“大埔白云石层”演变而来。创名地点在广西柳城县城（柳城旧称大埔镇）。湖北省境内该地层一直包括在黄龙石灰岩的下部（陈旭，1935；岳希新，1948；杨敬之，穆恩之，1954）或黄龙群的下部（杨敬之等，1952；湖北省区域地质测量队，1965—1975）或黄龙组的下部（湖北省区域地质测量队，1984；顾威国，1982）。冯少南等（1984）将这套原归为黄龙组下部的白云岩段划出沿用大埔组，湖北省地矿局采纳大埔组这一名称。

大埔组指平行不整合于写经寺组之上、黄龙组灰岩之下的一套灰白—灰黑色厚层块状白云岩，上以厚层块状白云岩的消失或灰岩的出现与黄龙组分界。厚度为 5.1m。

本组化石较稀少，仅在一些夹有灰质较高的白云质灰岩或灰质白云岩的夹层中可获得非蜓有孔虫、蜓类、珊瑚等。其中非蜓有孔虫有 *Glomospira vulgalis*, *Tolypammina fortis* 等；蜓类有 *Profusulinella* cf. *marblensis*, *Eofusulina* cf. *trianguliformis*, *Pseudostaffella composita keltmica* 等；珊瑚为 *Lophophyllidium* sp. 等。说明本组属于晚石炭世早期。

2）黄龙组（C_2h）

黄龙组系李四光、朱森（1930）创建的“黄龙石灰岩”演变而来。创名地点在江苏省南京龙潭镇西黄龙山。湖北省境最早由陈旭（1935）在湖北东南部从谢家荣（1924）命名的阳新石灰岩中划分出黄龙石灰岩；杨敬之等（1962）改称“黄龙群”后，一直沿用至 20 世纪 80 年代初。嗣后，顾威国（1982）、冯少南等（1984）分别把鄂东黄石地区和鄂西三峡地区的原黄龙组下部的白云岩划出，称大埔组，将黄龙组只限于上部较纯灰岩，湖北省地矿局（1996）采用的黄龙组即此含义。

黄龙组为一套灰色、浅灰肉红色厚层微晶灰岩，生物屑灰岩，底为粗晶灰岩，含灰质白云岩角砾、团块，含丰富的珊瑚、腕足类等化石。上与二叠纪梁山组砂岩呈平行不整合接触，下与大埔组细晶白云岩整合接触。

本组含有丰富的非蜓有孔虫、蜓类、腕足类、珊瑚等化石。其中非蜓有孔虫由下而上以 *Tolypammina fortis* - *T. hubeiensis* 组合带及 *Bradyina minima* - *Plectogyra minuta* 组合带为代表。蜓类极其丰富，以 *Fusulinella*, *Fusulina*, *Beedeina*, *Fusiella*, *Pseudostaffella* 等属的种群为特色。腕足类有 *Ella simensis*, *Athyris planosulcata* var. *uralica*, *Neochonetes carbonifera*。珊瑚主要是 *Chautetes* 及 *Caninia* 等。从蜓类和非蜓有孔虫来看，本组时代为晚石炭世早期。

6. 二叠系

1）梁山组（P_2l）

梁山组系由赵亚曾、黄汲清（1931）创名的“梁山层”演变而来。创名地点在陕西省南郑县农丰乡梁山中梁寺。该地层谢家荣、刘季辰（1927）及俞建章、舒文博（1929）称“阳新灰岩底部煤系”；李捷等（1937）在鄂西创名“马鞍山煤系”；高振西、楚旭春（1940）在鄗东创名“麻土坡煤系”；杨敬之、穆恩之(1954)“马鞍煤系”；北京地质学院(1960)称“梁山组”，此后沿用。

梁山组平行不整合于黄龙组之上，与上覆阳新组整合接触。下部灰白色中厚层石英岩状细砂岩、粉砂岩、泥岩及煤层；上部黑色薄层泥岩夹灰岩透镜体。厚度为3.8～4.2m。

梁山组含较丰富的化石，其中植物化石有 *Sigillaria acutaguia*，*Lepidodendron oculus-felis*，*Stigmaria ficoides*，*Pecopteris* sp.，*Sphenopteris* sp.等；腕足类有 *Orthmichia magnifica*，*Ogbinia hexaspinom*，*Tyloplecta richthofeni*，*Neochonetes nantanensis*，*Plicatifera minor*，*Ambococelta* sp.等；介形虫有 *Hollindla tingi*，*Rimndydla huheiensis* 等。据上述化石及层位关系，其地质时代为中二叠世早期。

2)栖霞组(P_2q)

栖霞组系 Richthofen(1912)创名的“栖霞灰岩”演变而来。创名地点在南京市东郊栖霞山，是指梁山组与孤峰组(或茅口组)之间的一套碳酸盐岩。与下伏黄龙组呈平行不整合接触(或与下伏梁山组呈整合接触)，与上覆孤峰组含锰或磷质结核页岩为整合接触(或与上覆茅口组呈整合接触)。实习区栖霞组岩性较单一，主要为一套深灰色、灰黑色厚层状含燧石结核生物碎屑泥晶灰岩序列。仅顶、底部发育灰黑色厚层瘤状生物碎屑泥晶灰岩，且底部灰岩层间夹含钙碳质页岩。厚度为88.9m。

该组含生物化石丰富，尤以秭归兴山地区及鄂东南一带研究较详。产有蜓类 *Nankinella orbicularia*，*N. globularis*，*Sphaerulina hunanica*，*Pisolina ercessa* 等；珊瑚 *Wentzellophyllum volzi*，*Cystomichelinia* sp.，*Hayasakaia elegantula*，*Polytecalis yangtzeensis*，*P. chinensis* 等；腕足类 *Orthotichia chekiangensh*，*Tyloplecta richihofeni* 等。其他还有苔藓虫类、介形类、牙形石等。据此，该组地质时代属中二叠世早、中期。

3)茅口组(P_2m)

茅口组系乐森浔(1929)创“茅口灰岩”。创名地点在贵州省郎岱县的茅口河岸一带。谢家荣(1924)在鄂东南对下二叠统创名“阳新石灰岩”后，相继有岳希新(1948)、杨敬之和穆恩之(1954)、周圣生(1956)等作过研究；迄至盛金章(1962)对中国南方下二叠统提出由下至上划分为“栖霞组”与“茅口组”的方案，被我国地质工作者广为沿用。

茅口组系指整合于栖霞组深灰色燧石灰岩之上，平行不整合于龙潭组底部黏土岩(或孤峰组黑灰色薄层状硅质岩夹硅质泥岩之下)，其岩性主要为一套灰色、浅灰色厚层—块状含燧石结核生物碎屑微晶灰岩，藻屑微(泥)晶灰岩，生物碎屑砂屑亮晶灰岩，中部夹2～3层细晶白云岩。且中上部灰岩中，常有密集的燧石结核或条带。从其岩相及生物学研究，此区具开阔台地相特征。

茅口组富含生物化石，由下至上建立的蜓带有：*Verbeekina grahaui* 带，*Chusenella conicocylindrica* 带，*Neoschwagerina haydeni* 带，*Yabeina* 带；珊瑚类有 *Ipciphyllum timoricum* - *I. eligantum* 顶峰带，*Tachylasma elongatum* - *Paracaninia liangshunensis* 顶峰带等。其他生物门类如苔藓虫类、腕足类、非蜓有孔虫类等亦丰富。据此，其地质时代为中二叠世晚期。

4)吴家坪组(P_3w)

吴家坪组由卢衍豪(1956)创建的“吴家坪灰岩”演变而来。创名地点在陕西省南郑县西北的吴家坪。盛金章(1962)修订含义，即代表长兴组之下、茅口组之上的一个地层单位。后来各家均遵循此含义。

吴家坪组指整合于茅口组灰岩与大冶组泥灰岩之间的地层序列，为灰色中厚层—厚层状、块状含燧石团块的泥晶灰岩，生物碎屑灰岩。底部稳定地发育一层厚度不大的含鲕粒的铁铝质泥质岩（王坡段），并以此层之底作为该组底界，以燧石灰岩结束或纹层状灰岩、薄层泥质灰岩的出现为该组顶界。厚度为 84～103m。

本组含有丰富的海相底栖生物化石，其中研究较为系统的有蜓类、珊瑚和腕足类，从下至上各自建立了生物地层单位：蜓类 *Codonofusiella* 顶峰带，*Palaeofusulina sinensis* 带；珊瑚 *Plerophyllum guangxiense* - *P. xintanense* 组合带，*Waagenophyllum lui* - *Lopkocarinophyllum* 组合带；腕足类 *Tschemyschewia sinensis* - *Loipingia ruber* 组合带，*Squamularis grandis* 组合带。根据以上生物化石特征，其地质时代为晚二叠世。

三、中生界

1. 三叠系

1）大冶组（T_1d）

大冶组由谢家荣（1924）所创“大冶石灰岩”演变而来。创名地点在湖北省大冶县城北著名的铁山铁矿。次年他和赵亚曾引用到鄂西，将 Blackweider（1907）巫山灰岩上部以薄层为主的灰岩划为大冶灰岩。赵金科等（1962）将鄂西的大冶灰岩上部以白云岩为主的地层划为“嘉陵江组”，归于中三叠世；下部以薄层为主的灰岩称“大冶群”，归于早三叠世或称大冶统。此后，在我国华南地区广为沿用，在 20 世纪 70 年代以前多称群，之后称组。

大冶组指以灰色、浅灰色薄层状灰岩为主，中、上部夹中—厚层状灰岩，时而夹鲕状灰岩、白云质灰岩或白云岩化灰岩，下部夹含泥质灰岩或黄绿色页岩。底界以页岩与下伏吴家坪组灰黑色厚层—块状夹中层状含燧石结核泥晶—微晶生物碎屑灰岩呈整合接触，顶界与上覆嘉陵江组白云岩呈整合接触。厚度为 1000m。

本组以含菊石、双壳类、牙形石等化石为主，下部富含菊石，以 *Ophiceras*，*Lytophiceras* 为主，双壳类有 *Claraia wangi*，*C. griesbachi* 等，牙形石为 *Anchignathodus typicalis*，*Neogondolella carinata* 等。上部主要以双壳类 *Eumorphotis multiformis*，*Bakevellia mediocaticis minor*，*Leptochondria virgalensis* 等及牙形石 *Neospathodus hubeiensis*，*Neohindeodella triassica* 等为特点。据上述化石，本组时代属于早三叠世印度期。

2）嘉陵江组（T_1j）

嘉陵江组系赵亚曾、黄汲清 1931 年将原称“昭化灰岩”（赵亚曾，1929）更名为“嘉陵江石灰岩”，命名地位于广元县城北 15 km 的嘉陵江沿岸带。赵金科等（1962）依罗志立等（1957）资料引用到湖北西部，湖北省地质矿产局地质科学研究所（1962）和湖北省区域地质测量队（1966）引用于鄂东南地区，分别称嘉陵江组（或群），此后广为引用。

嘉陵江组岩性以灰色中—厚层状白云岩、白云质灰岩为主，夹微晶灰岩、“盐溶角砾岩”。含海相双壳类、有孔虫化石，头足类罕见。与下伏大冶组灰色薄层状石灰岩及上覆巴东组底部杂色泥岩、白云岩均为整合接触。厚度为 728m。

由于本组是以白云岩为主要特征的地层，一般大化石较稀少。化石以双壳类为主，亦有少量菊石和腕足类；微体化石有牙形石和有孔虫。本组下部以双壳类 *Eumorphotis inaeqicostata*，*Bakevellia exporrecta* 等，菊石 *Paragoceras sinense*，牙形石 *Pachycladina* - *Parachirognathus ethingtoni* 带以及有孔虫 *Aulotortus ckialingckiangensis* 为特征；中、上部以双壳类 *Leptochondria minima*，*Chlamys weiyuanensis* 等，牙形石 *Neospathodita triangularis* - *N.*

homeri 带以及有孔虫 *Glomospira sinensis*，*Meandrospira insolita* 为特征。顶部普遍含有以双壳类 *Eumorphotis*（*Asoella*）*illyrica* 组合带为代表的化石。从上述化石来看，本组下部至上部属于早三叠世晚期。

3）巴东组（T_2b）

巴东组由 Richthofen（1912）所建的“巴东层”演变而来。命名地点在巴东县长江沿岸。谢家荣、赵亚曾（1925）更名为巴东系，广为后人沿用。赵金科（1962）改称巴东组。

巴东组岩性可分三部分，即上、下部分为紫红色粉砂岩，泥岩夹灰绿色页岩，偶含孔雀石薄膜；中部为灰岩、泥灰岩。底部普遍见有灰绿色页岩，与下伏嘉陵江组及上覆香溪群九里岗组呈整合接触。厚度为 75～91m。

该组以产双壳类为主，亦有菊石和植物化石，它们多富集于巴东组中、下段，底部次之，上段稀少。双壳类主要有 *Eumorphotis*（*Asoelia*）*subillyrica*，*E.*（*A.*）*iliyrica*，*Myophoria*（*Costatoria*）*goldfussi*，*M.*（*C.*）*submulthtriata*，*M.*（*C.*）*goldfussi mansion*；菊石有 *Progonoceratites* sp. 和植物有 *Annalepis zeilleri* 等，表明本组地质时代属中三叠世。

2. 三叠系—侏罗系香溪群（T_3J_1X）

香溪群由野田势次郎（1917）所创的“香溪含煤砂岩系”演变而来，命名地点在秭归县香溪。李四光等（1924）称香溪系。谢家荣、赵亚曾（1925）称香溪煤系，斯行健等（1962）改称香溪群，北京地质学院（1960）将香溪群下煤组定为晚三叠世瑞替阶；中、上煤组归入早侏罗世里阿斯阶；湖北省区域地质测量队（1973）和《湖北省区域地质志》（1990）等将鄂西香溪群下、中、上 3 个煤组分别新创名为九里岗组、王龙滩组、桐竹园组。前二者时代为晚三叠世，后者为早侏罗世。陈楚震等（1979）在秭归盆地，把香溪群下煤组新创名为“九里岗组”，时代为晚三叠世；把中、上煤组称“桐竹园组”（狭义），时代为早、中侏罗世。湖北省地矿局（1996）称为香溪群，在秭归盆地，本群从下至上包含九里岗组、桐竹园组；在荆当盆地及鄂东南，本群由下至上包含九里岗组、王龙滩组、桐竹园组。

1）九里岗组（T_3j）

九里岗组以黄灰色、深灰色粉砂岩，砂质页岩，泥岩为主，夹长石石英砂岩及碳质页岩，含煤层或煤线 3～7 层，总厚度为 41～142m。本组与上覆桐竹园组厚层状石英砂岩及与下伏巴东组均为连续沉积，但在秭归香溪、兴山耿家河，本组与巴东组的下段直接接触。

九里岗组植物群以苏铁类占优势，蕨类也很发育，尤以双扇蕨科为多，此植物群具有北方区和南方区植物群的双重特征。主要组合分子有 *Lepidopteris* - *Bernoulla* - *Pterophyllum bavieri* 和 *Drepanozamites* - *Cycadocarpidium*。地质时代为晚三叠世。

2）桐竹园组（J_1t）

桐竹园组以黄色、黄绿色、灰黄色砂质页岩，粉砂岩及长石石英砂岩为主，夹碳质页岩及薄煤层或煤线，底部为一套砾岩层。含植物化石和双壳类化石。本组与下伏九里岗组、上覆千佛崖组均呈整合接触。厚度为 280m。

本组古生物以 *Coniopteris* - *Ptilophyllum contiguum* - *Sphenobaiera huangi* 植物组合及 *Pseudocardonia* - *Qiyangia cuneata* 动物群为特征，故本组地质时代为早侏罗世。

3. 侏罗系

1）千佛崖组（J_2q）

千佛崖组系赵亚曾、黄汲清1931年命名于广元县北，嘉陵江东岸的千佛崖，原称“千佛岩层”(*Tsienfuyen Formation*)。陈楚震等(1979)引用于秭归盆地，相当于谢家荣等(1925)最早称归州系下部、北京地质学院三峡地层队(1960)称“自流井组”、湖北省区域地质测量队(1984)创名“聂家山组”、张振来等(1987)创名“千佛崖组”和“陈家湾组”之和。湖北省地矿局(1996)采用千佛崖组指位于桐竹园组与沙溪庙组之间的一套地层序列。

千佛崖组底部为一层含砾石英砂岩，有时砾石富集成薄层，并为底界标志，与下伏香溪群桐竹园组绿黄灰色钙质泥岩呈整合接触。下部为紫红色、绿黄色泥岩，粉砂岩，细粒石英砂岩夹介壳灰岩，含极为丰富的双壳类及孢粉化石；上部以紫红色为主，夹黄灰色泥岩、砂质页岩、粉砂岩、长石石英砂岩。与上覆沙溪庙组底部黄灰色块状岩屑长石砂岩呈整合接触。厚度为390m。

本组含双壳类、植物及孢粉化石，以产双壳类为主，其中有 *Pseudocardinia kweichuensis*, *P. longa*, *Lamprotula* (*Eolamprotula*) *solita*, *L.* (*E.*) *cremeri*, *Psilunio crvalis* 等。据此，本组时代为中侏罗世早期。

2)沙溪庙组(J_2s)

沙溪庙组系杨博泉、孙万铨(1946)由原“重庆系”(哈安姆，1931)中分出而创建的“沙溪庙层”演变而来，命名地点在四川省合川县沙溪庙。谢家荣等(1925)在秭归盆地曾称归州系中部。北京地质学院(1960)首次引用该组，称归州群沙溪庙组。湖北省地矿局(1996)称沙溪庙组。

沙溪庙组岩性为黄灰色、紫灰色长石石英砂岩与紫红色、紫灰色泥(页)岩不等厚韵律互层，含双壳类、介形类、叶肢介、植物及脊椎动物化石，与下伏千佛崖组及上覆遂宁组底部砖红色岩屑长石砂岩均为整合接触，亦可平行不整合超覆于自流井组不同层位之上。可以“叶肢介页岩”顶界分为两段。厚度为1986m。

沙溪庙组化石稀少，在秭归郭家坝该组底部发现 *Chungkingichthys xilingensis*，在下部和上部含介形虫 *Darwinula* aff. *Sarytirmenensis*, *Clinocypris xilingensis* 和孢粉组合 *Cyathidites* - *Classopollis* - *Neoraistrickia* 组合带等。时代定为中侏罗世晚期。

第二节　沉积岩与沉积作用

秭归实习区沉积岩分布广泛，是该区域新元古代—新生代地层的主要岩石类型。出露的沉积岩主要为他生沉积岩中的陆源碎屑岩和自生沉积岩中的碳酸盐岩。新元古界南华系主要为陆源碎屑岩，是在晋宁运动形成的风化剥蚀面上沉积的河流相、冰川相沉积地层。新元古界震旦系—下古生界奥陶系主要以碳酸盐岩沉积地层为主，仅在寒武系水井沱组—石牌组有较多的陆源碎屑岩发育，总体上为盆地边缘相-局限海台地相沉积环境。震旦系—寒武系的碳酸盐岩以白云岩为主，奥陶系开始主要以灰岩为主。下古生界志留系—上古生界泥盆系则以陆源碎屑岩为主，受加里东构造运动的影响，缺失中、上志留统和下泥盆统。上古生界石炭系—中生界下三叠统，以碳酸盐岩沉积为主，主要为碳酸盐岩台地相沉积环境。中生界中三叠统—新生界第四系主要以陆源碎屑岩沉积为主，多为河流相、湖泊相和山麓-洪积相沉积环境。

以下对实习区常见的陆源碎屑岩和碳酸盐岩进行简要的概括。

一、陆源碎屑岩

1. 粗碎屑岩

实习区出露的粗碎屑岩主要为砾岩（图 2-1）。南华系莲沱组底部发育有厚度不大的暗紫红色中砾岩。砾石含量约 30%～40%，基质主要为细砂，基质支撑结构。砾石成分主要为花岗岩和石英岩，粒径大小约 0.5～2cm，分选性中等—差，磨圆度为圆—次圆状，向上砾石粒度变细，含量降低，为河道滞流沉积。南华系南沱组砾岩主要是杂砾岩，为冰川和冰水沉积作用形成，典型特征是砾石大小混杂，大者可达 50cm 以上，小者仅数厘米；形态多样，有棱角—次棱角状砾石，也有圆状—次圆状砾石；成分复杂，火成岩、沉积岩、变质岩砾石均可见。侏罗系桐竹园组底部砾岩为深灰色中砾岩。砾石含量可高达 70%，基质主要为粉砂—细砂，颗粒支撑结构。砾石成分主要为硅质岩和石英岩，粒径大小约 3cm，分选极好，磨圆度为圆状。白垩系石门组底部砾岩为浅灰—紫红色巨粗—粗砾岩。砾石含量高者可达 80%，基质主要为中—细砂，颗粒支撑结构，钙质胶结。砾石成分以灰岩和白云岩为主，大小混杂，数厘米至 20cm 不等，分选性差，磨圆度为次圆状—次棱角状。

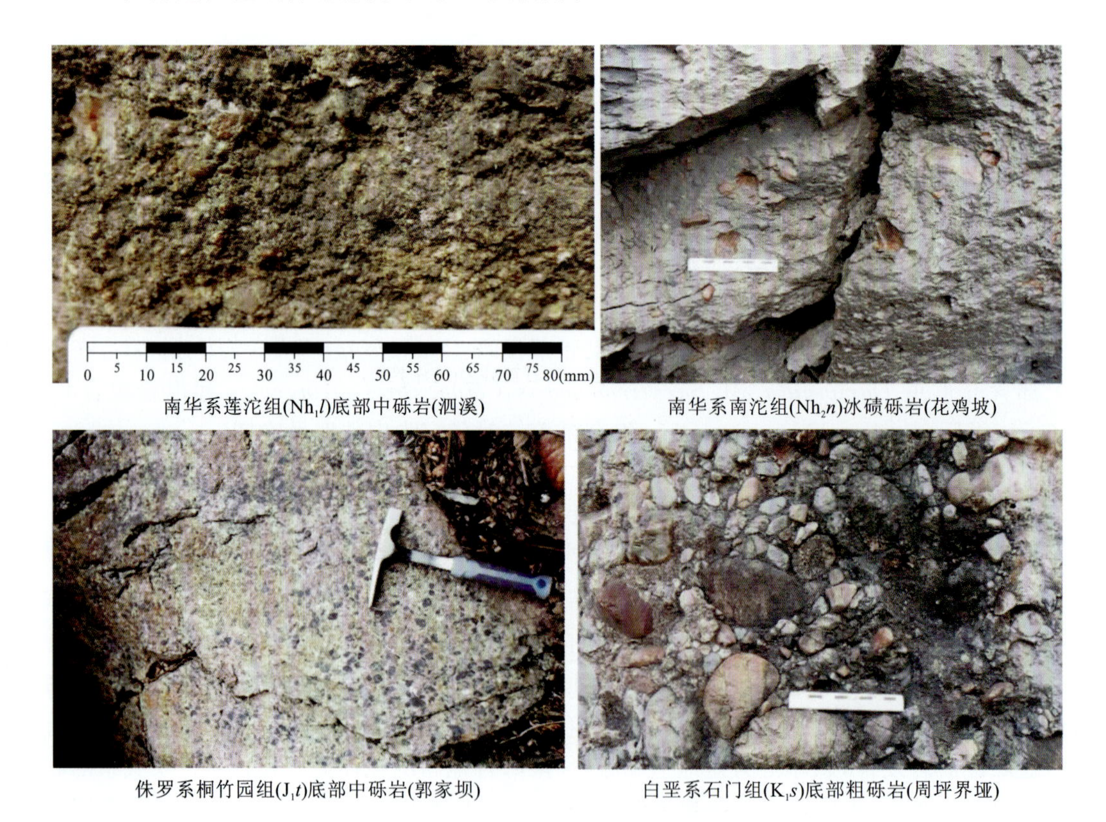

南华系莲沱组(Nh_1l)底部中砾岩(泗溪)　　南华系南沱组(Nh_2n)冰碛砾岩(花鸡坡)

侏罗系桐竹园组(J_1t)底部中砾岩(郭家坝)　　白垩系石门组(K_1s)底部粗砾岩(周坪界垭)

图 2-1　实习区常见的粗碎屑岩类型

2. 砂岩

实习区砂岩主要见于南华系莲沱组、志留系纱帽组、泥盆系云台观组和黄家磴组，三叠系九里岗组，侏罗系桐竹园组和千佛崖组（图 2-2）。南华系莲沱组发育的砂岩，在中—下部为

南华系莲沱组(Nh_1l)二段紫红色中粒石英砂岩
(可见大角度交错层理，花鸡坡)

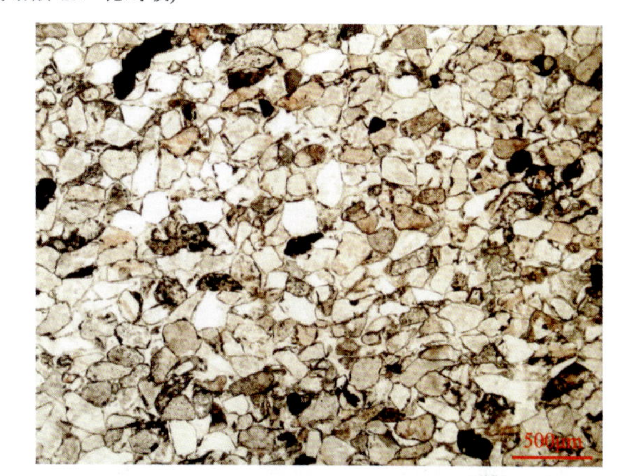

志留系纱帽组(S_1s)细粒石英砂岩(周坪界垭)

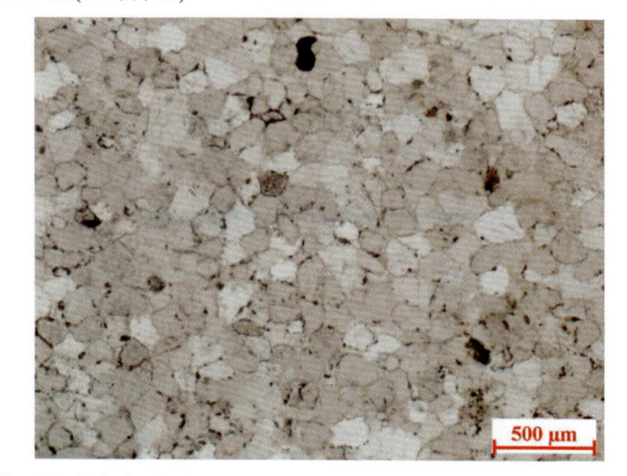

泥盆系云台观组(D_2y)细粒石英砂岩(九畹溪)

图 2-2　实习区常见的砂岩类型

紫红色、灰绿色粗一中粗长石石英砂岩及长石砂岩，在上部为紫红色、灰白色晶屑或岩屑凝灰质砂岩及岩屑砂岩。此套砂岩主要为河流相沉积，发育有丰富的水平层理和交错层理。志留系纱帽组中的砂岩主要出现在纱帽组上段，为灰绿色夹灰白色细粒岩屑石英砂岩，具交错层理和波痕构造，在下段和中段则主要以夹层出现在细碎屑岩层中。泥盆系云台观组主要由灰白色、肉红色细粒石英砂岩和长石石英砂岩组成。石英砂岩成分成熟度和结构成熟度均较高，野外可见交错层理，显微镜下可见石英自生加大边结构，主要为滨海相沉积。黄家磴组中的砂岩常与细碎屑岩互层，主要类型为浅灰色细粒石英砂岩。三叠系九里岗组砂岩主要为灰黄色、灰绿色长石石英砂岩。侏罗系桐竹园组砂岩在底部为深灰色中粗粒石英砂岩，中、上部与细碎屑岩共生，为灰黄色细砂岩；千佛崖组砂岩为灰黄色细粒石英砂岩，与细碎屑岩共生。

3. 细碎屑岩

细碎屑岩主要包括粉砂岩和泥质岩，在实习区内发育比较广泛(图 2-3)。南华系细碎屑岩主要赋存于南沱组中，岩性为灰绿色、紫红色含冰碛砾粉砂岩和含冰碛砾粉砂质泥岩，常与冰碛砾岩和含冰碛砾砂岩组成基本沉积层序。震旦系细碎屑岩主要见于陡山沱组二段和四段。陡山沱组二段中的细碎屑岩主要为黑色、深褐色含碳质泥岩或页岩，与含泥质、碳质白云岩互层，组成陡山沱组二段的基本沉积层序。陡山沱组四段中的细碎屑岩为黑色碳质页岩、硅质页岩和粉砂质页岩。寒武系细碎屑岩主要见于水井沱组和石牌组。水井沱组中下部岩层以细碎屑岩为主，主要为黑灰色、灰黄色碳质页岩和粉砂质页岩，上部的钙质页岩则主要以夹层出现在灰岩岩层中。石牌组细碎屑岩产出在其下部和上部层位，下部层位为黄绿色粉砂质泥岩、粉砂岩，上部层位为紫灰色、灰绿色粉砂质页岩和含灰质团块粉砂质泥岩。奥陶系最特征的细碎屑岩出现在五峰组，以灰黑色—灰黄色硅质泥岩为主，产丰富笔石化石，水平层理发育。志留系龙马溪组基本由细碎屑岩组成，页理和水平层理发育，下部为黑色页岩、灰黑色粉砂质泥岩，上部为黄绿色粉砂岩、含泥质粉砂岩和泥岩。志留系罗惹坪组一段主要由细碎屑岩组成，水平层理发育，层面常见保存完好的不对称波痕，底部为灰绿色含粉砂质泥岩，中部为黄绿色粉砂质泥岩、页岩，上部为灰绿色钙质泥岩。志留系纱帽组下段和中段均以细碎屑岩为主，岩性主要为黄绿色泥岩、页岩、粉砂质泥岩，夹薄层砂岩，水平层理发育。侏罗系桐竹园组中上部发育有灰黄色粉砂岩、泥岩，含丰富的植物化石。

二、碳酸盐岩

1. 灰岩

依据 Dunham 的碳酸盐岩分类方案，本实习区常见的灰岩主要有：①无沉积结构的结晶灰岩；②沉积时沉积成分黏结在一起的格架灰岩，主要是海绵和珊瑚骨架灰岩；③沉积时沉积成分未被黏结的灰岩。对第三类灰岩，为了便于总结，在此主要按照自生颗粒类型和含量，将自生颗粒含量小于 10％者，按 Dunham 分类方案命名为泥晶灰岩；将自生颗粒含量大于 10％者，按主要自生颗粒类型划分为生物碎屑灰岩、内碎屑灰岩、鲕粒灰岩和核形石灰岩。

1)结晶灰岩

结晶灰岩在实习区内主要见于震旦系灯影组二段(石板滩段)局部层位，岩石比较致密，由颗粒状方解石呈镶嵌状排列组成，有可能为泥晶灰岩经重结晶作用而成(图 2-4)。

2)骨架灰岩

骨架灰岩是由原地固着生长的生物礁作为骨架，骨架内部孔隙及骨架之间多充填泥晶、内碎屑、生物碎屑、亮晶胶结物等。实习区内可见的骨架灰岩主要是寒武系天河板组的古杯礁骨架灰岩、二叠系吴家坪组海绵礁骨架灰岩和珊瑚礁骨架灰岩(图 2-5)。

震旦系陡山沱组二段(Z_1d^2)含围棋子状结核碳质泥岩(花鸡坡)

寒武系水井沱组($\in_1s$)碳质页岩(九曲垴)

寒武系石牌组三段($\in_1sp^3$)灰绿色粉砂质泥岩(茶园坡)

奥陶系五峰组(O_3w)硅质泥岩(王家湾)

志留系龙马溪组(S_1l)粉砂质泥岩(王家湾)

侏罗系桐竹园组(J_1t)粉砂岩(郭家坝，可见保存完好的植物化石)

志留系罗惹坪组(S_1lr)粉砂质泥岩(五龙，层面有保存完好的不对称波痕)

图 2-3　实习区常见的细碎屑岩类型(图中▭▬代表 20mm)

图 2-4　震旦系灯影组(Z_2d)结晶灰岩

寒武系天河板组($\in_1 t$)古杯礁骨架灰岩(九畹溪)

二叠系吴家坪组(P_3w)海绵礁骨架灰岩(链子崖)

二叠系吴家坪组(P_3w)珊瑚礁骨架灰岩

图 2-5　实习区出现的骨架灰岩类型(图中▭▬代表 20mm)

3)生物碎屑灰岩

实习区内奥陶系—三叠系碳酸盐岩地层中,生物碎屑灰岩比较多见,主要为生物碎屑粒泥-泥粒灰岩。尤其以奥陶系分乡组、二叠系茅口组和吴家坪组灰岩中生物碎屑含量丰富,生物类型多样(图 2-6)。

奥陶系分乡组(O_1f)生物碎屑泥粒灰岩
(桂垭，风化面上可见大量腕足类生物碎屑)

奥陶系宝塔组(O_3b)生物碎屑粒泥灰岩
(五龙，震旦角石中可见示底构造)

二叠系茅口组(P_2m)生物碎屑粒泥-泥粒灰岩(链子崖，可见腹足、介形、䗴、双壳等生物碎屑)

二叠系吴家坪组(P_3w)生物碎屑粒泥-泥粒灰岩
(链子崖，左图可见叶状藻、海绵等生物碎屑，右图可见腹足、海绵、介形等生物碎屑)

图 2-6　实习区常见的生物碎屑灰岩类型(图中▭▬代表 20mm)

4)内碎屑灰岩

内碎屑灰岩在实习区内主要见于寒武系天河板组和奥陶系南津关组局部层位，为内碎屑泥粒灰岩(图 2-7)。内碎屑颗粒多为泥晶灰岩，呈棱角—次棱角状，含量 40%～70%不等，过渡支撑。基质胶结，基底式—孔隙式胶结类型。内碎屑颗粒大小在天河板组中为 0.5～1cm，在南津关组中约为 0.5～4cm。

寒武系天河板组($\in_1 t$)内碎屑灰岩(九畹溪)

奥陶系南津关组($O_1 n$)内碎屑灰岩(桂垭)

图 2-7　实习区常见的内碎屑灰岩类型(图中▭▬代表 20mm)

5)核形石灰岩

核形石灰岩在实习区内主要见于寒武系天河板组(图 2-8)。核形石大小为 1～1.5cm，含量约 50%，过渡支撑类型，基质胶结，基底式胶结类型。

图 2-8　寒武系天河板组($\in_1 t$)核形石灰岩

(九畹溪，部分核形石被缝合线切割，图中▭▬代表 20mm)

6)鲕粒灰岩

鲕粒灰岩在实习区内主要见于寒武系天河板组、石牌组等层位(图 2-9)。天河板组中的鲕粒灰岩常与核形石灰岩共生。鲕粒大小在 2mm 左右，圈层结构清楚。鲕粒含约为 40%～60%，过渡支撑类型，基质胶结，基底式—孔隙式胶结类型。分乡组中的鲕粒灰岩，鲕粒大小约 1mm，含量约 80%，颗粒支撑，亮晶胶结，孔隙式胶结类型。

寒武系天河板组($\in_1t$)鲕粒灰岩
(九畹溪，部分鲕粒内部有重结晶现象)

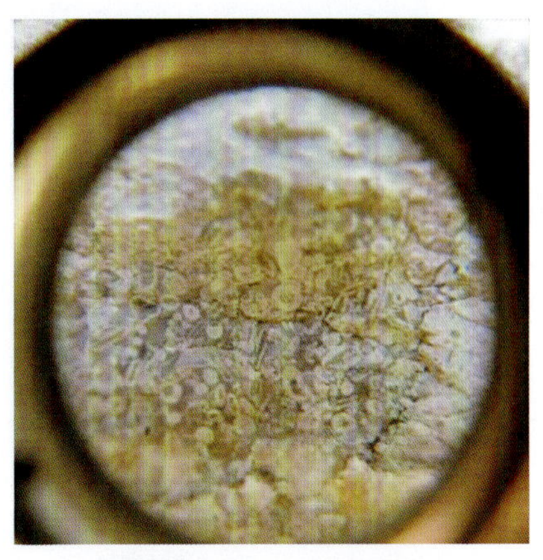

奥陶系分乡组(O_1f)鲕粒颗粒灰岩
(长阳肖家台，视域直径2cm)

图 2-9　寒武系天河板组($\in_1t$)、奥陶系分乡组(O_1f)鲕粒灰岩
(九畹溪,部分鲕粒内部有重结晶现象,图中▭▬代表 20mm)

7)泥晶灰岩

泥晶灰岩在实习区内分布比较广泛,总体特征为自生颗粒含量少,泥晶基质为主,较致密,参差状断口(图 2-10)。

震旦系灯影组(Z_2d)含生物碎屑泥晶灰岩
(雾河道班，可见文德带藻)

寒武系石牌组二段($\in_1sp^2$)泥晶灰岩(茶园坡)

图 2-10　实习区常见的泥晶灰岩类型(图中▭▬代表 20mm)

2. 白云岩

实习区内白云岩在新元古界—下古生界奥陶系分布较多,上古生界—中生界主要发育于三叠系嘉陵江组。总体特征为灰白色,滴稀盐酸不起泡或缓慢起泡,风化面上发育“刀砍纹”。几种典型的白云岩如图 2-11 所示。

震旦系陡山沱组一段(Z_1d^1)“盖帽”白云岩
(棺材岩，风化面上有明显的“刀砍纹”，底部有重晶石和钙质结壳发育)

震旦系灯影组一段(Z_2d^1)纹层状白云岩
(棺材岩，具层内包卷构造)

震旦系灯影组一段(Z_2d^1)膏溶角砾白云岩
(棺材岩)

震旦系灯影组一段(Z_2d^1)白云岩中的盐丘和帐篷构造(棺材岩)

三游洞组($\in_3s$)白云岩(抬上坪，左图中可见叠层构造，右图为缝合线构造)

图 2-11　实习区常见的白云岩及其沉积构造(图中▭▬代表 20mm)

第三节 岩浆岩与岩浆作用

黄陵穹隆地区的侵入岩活动时间主要集中于太古宙、古元古代和新元古代 3 个时代，岩性以中酸性花岗岩类为主体，是研究华南扬子克拉通前寒武纪岩浆活动、俯冲-碰撞造山事件，以及早前寒武纪扬子克拉通地壳演化的重要窗口。太古宙—古元古代花岗质岩体以东冲河、巴山寺片麻状花岗质杂岩体、晒甲冲片麻状花岗质岩体、圈椅埫花岗岩体为代表。新元古代花岗岩则以黄陵复式花岗质岩基为代表，是晋宁运动的记录，举世瞩目的三峡大坝就建于黄陵复式花岗质岩基之上。黄陵穹隆地区的侵入岩分布见图 2-12。

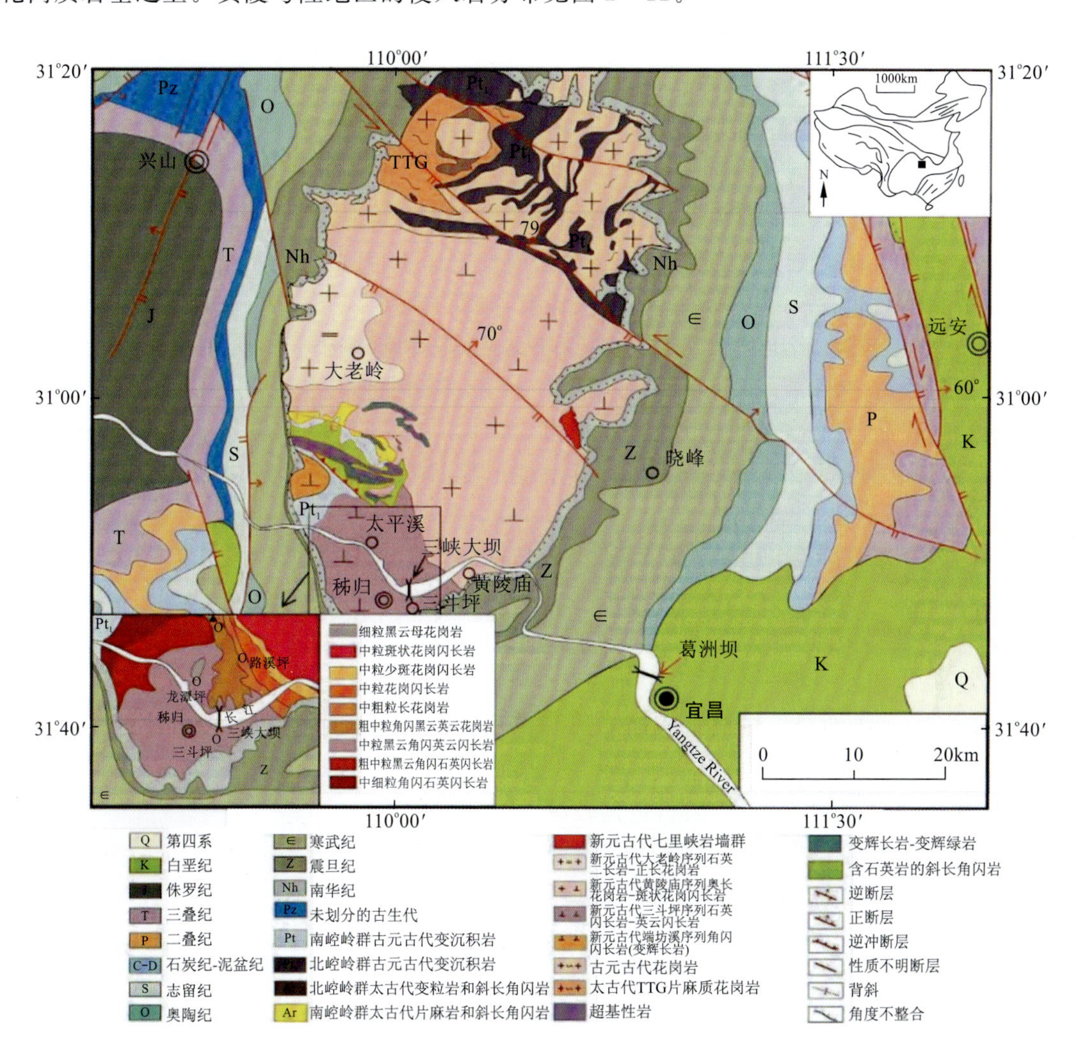

图 2-12 黄陵穹隆地区侵入岩地质略图(据 Wei et al,2012 修改)

一、太古宙—古元古代花岗质侵入杂岩

太古宙—古元古代花岗质岩浆活动强烈，岩体主要分布于黄陵穹隆北部地区，南部太平

溪、邓村一带也有零星出露，其中以黄陵穹隆北部太古宙东冲河片麻状花岗质复式岩体(TTG)，以及古元古代巴山寺片麻状花岗岩复式岩体最为典型。

1. 古—中太古代东冲河片麻状花岗质复式岩体

1)地质特征

东冲河片麻状花岗质复式岩体分布于黄陵穹隆西北水月寺一带，与古元古代黄凉河岩组、南华纪—震旦纪沉积盖层为沉积接触，被古元古代圈椅埫钾长花岗岩侵入。

岩体中包体非常发育，主要分为两类：一类为围岩捕虏体，如斜长角闪岩、斜长角闪片岩、黑云斜长片麻岩、角闪岩、角闪辉石岩等，主要为来自野马洞岩组的捕虏体，通常该类包体呈棱角状、条带状、长条状、球状等，与花岗片麻岩之间具较清楚的界线；另一类为深源包体，如暗色包体，一般规模不大，矿物成分为角闪石、黑云母、斜长石、辉石等，可能为难熔残留体，包体形态多样，有棱角状、透镜状等不规则状，边缘圆化，并受剪切改造呈残斑状、石香肠状，与寄主岩石的边界部分清楚，部分呈过渡渐变。

2)岩性组合特征

岩性主要为片麻状英云闪长岩、片麻状花岗闪长岩和片麻状奥长花岗岩(即 TTG 花岗片麻岩组合)，其中片麻状奥长花岗岩、片麻状英云闪长岩居多，片麻状花岗闪长岩较少，片麻状石英闪长岩与片麻状英云闪长岩呈过渡接触关系，露头上很难区分。

(1)片麻状英云闪长岩：岩石呈灰色，花岗变晶结构，片麻状构造，主要由斜长石、石英、黑云母等矿物组成，含微量钾长石。斜长石属更长石类，多呈他形粒状变晶，少数残留半自形或自形宽板柱粒状晶，发育细密聚片双晶，粒径为 0.5～2mm，个别可达 2～3mm，含有石英、黑云母包体，晶体表面具弱绢云母化蚀变，石英呈他形粒状变晶，粒径 0.2～2mm 不等，具玻状消光，沿长石间分布。黑云母呈红棕色，半自形片状，少量他形片状，片体 0.2～0.8mm。

(2)片麻状花岗闪长岩：岩石呈灰黑色，花岗变晶结构，片麻状构造，主要由石英、钾长石、斜长石组成，局部见约 3%的白云母。斜长石含量明显多于钾长石。钾长石为他形，粒径 1.0～2.5mm，可见条纹结构，内部常见斜长石、石英等矿物包体。斜长石粒状，粒径 0.8～2.5mm，常见细密聚片双晶，表面绢云母化明显，有被钾长石交代现象。石英粒状，粒径 1.0～2.0mm。白云母片状，片径 0.1mm；有少量针柱状金红石与其伴生，推测该白云母可能为黑云母的退变。

(3)片麻状奥长花岗岩：岩石呈灰白色，基本特征与片麻状英云闪长岩相似，只是矿物组成上暗色矿物较少，石英含量略高，岩石色调较浅。

东冲河片麻状花岗岩从英云闪长岩到奥长花岗岩，总体显示暗色矿物含量减少的趋势。岩石化学成分中 SiO_2 含量较高，$Na_2O>K_2O$，显示低钙、低钾和富钠、偏铝-过铝质花岗岩的特征。

3)形成时代

前人对东冲河片麻状花岗岩测得的同位素年龄值范围较大，但最新研究表明，其形成时代多集中于 3300～2900Ma(Qiu et al，2000；焦文放等，2009；Gao et al，2011)。据此，将其形成时代划为古—中太古代。

2. 古元古代早期巴山寺片麻状花岗质复式岩体

1)地质特征

巴山寺片麻状花岗质复式岩体主要分布于黄陵穹隆东北部雾渡河一带，与太古宙黄凉河岩组侵入接触，南部被新元古代黄陵花岗岩体侵入，东端与震旦系呈沉积接触。分布面积57km²，岩体中捕虏体发育，主要为斜长角闪岩、黑云斜长片麻岩等表壳岩系捕虏体，并且多有不同程度的同化混染作用，包体的分布走向总体上与区域性片麻理一致，局部截切关系明显。岩体经历了后期的变质作用，局部见有混合岩化变质，浅色体由斜长花岗质粗-伟晶岩脉及中粗粒二长伟晶岩脉构成，多顺片麻理方向展布，局部斜切，均有不同程度的片麻理化。

2）岩性组合特征

主要岩性为灰白色片麻状黑云斜长花岗岩、片麻状黑云二长花岗岩。岩石具中细粒等粒—不等粒变晶结构，片麻状、条带状构造，岩体中心具弱片麻状构造，并可见肠状等塑流褶皱，局部见似斑状结构斑晶斜长石。主要矿物为斜长石（20%～65%）、石英（20%～35%）、钾长石（0～30%）。斜长石呈他形粒状，少数为半自形晶，并可见聚片双晶、卡钠复合双晶，多为奥长石，粒径0.3～0.5mm。副矿物组合为石榴子石、锆石、磷灰石、黄铁矿，成分较复杂，显示了深熔岩浆岩的特征。岩石地球化学成分上，$Na_2O>K_2O$，属于高铝型花岗岩类（鄂西地质大队，1994）。

3）形成时代

1∶5万茅坪河幅区调研究认为，巴山寺花岗片麻岩的源岩为玄武质岩石与长英质岩石不同程度混合熔融的产物，其全岩Rb－Sr同位素年龄值为2332～2172Ma（姜继圣，1986；李福喜，1987），显示其形成时代属古元古代。

3. 古元古代中期晒甲冲片麻状二长花岗岩体

1）地质特征

古元古代晚期片麻状二长花岗岩分布于晒甲冲、张家老屋、水月寺东等地，呈小岩株产出。岩体侵入于东冲河花岗片麻岩、巴山寺花岗片麻岩，局部见基性岩包体，受改造已发育有片麻理褶皱。在雾渡河一带还可见岩体被后期韧性剪切改造形成的变晶糜棱岩。

2）岩性组合特征

主要岩性为（含角闪）黑云二长片麻岩，其原岩为二长花岗岩。岩石具细粒等粒鳞片花岗变晶结构，条带状、片麻状构造，结构、构造较均一，主要矿物成分为钾长石（25%～47%）、斜长石（20%～49%）、石英（20%～35%）、黑云母（3%～15%），少量磁铁矿等。黑云母断续分布于长英矿物间构成片麻状结构。黑云母呈红褐色，片径0.2～0.7mm。长英质矿物定向排列，局部见细粒化，晚期发生重结晶。斜长石呈粒状变晶，个别残余半自形板柱状，具钠黝帘石化和绢云母化蚀变，粒径0.2～1mm。显微镜下钾长石发育清晰的格子双晶，为微斜条纹长石，粒径0.3～1.5mm。石英呈他形粒状变晶，粒径0.1～0.8mm，少量为1～1.5mm。混合岩化、钾化作用较发育，局部已变为钾长花岗质片麻岩。

3）形成时代

晒甲冲片麻岩侵入东冲河花岗片麻岩和巴山寺花岗片麻岩，其岩石地球化学特征显示为钙碱性岩石系列演化晚期的特征，因此，其时代应晚于巴山寺花岗片麻岩的形成时代。

4. 古元古代晚期圈椅埫钾长花岗岩体

1）地质特征

圈椅埫钾长花岗岩平面上呈近等轴状岩株产出，出露面积21km²。岩性以黑云母钾长花岗岩为主，分布于黄陵穹隆西北部，与太古宙野马洞岩组呈侵入接触，局部接触带附近具明显的同化混染现象。接触面产状：北部向南倾，倾角80°，南部倾向变化大，但总体倾向南偏东，倾角67°～84°，局部向北倾，倾角30°～68°。岩体与围岩接触产状主要受围岩片理、片麻岩控制，两者表现和谐一致。

在野马洞、东冲河等地出现边缘混合岩化，较多钾长质脉体切割早期太古宙TTG花岗片麻岩。岩体内常见有捕虏体，边缘常见石英岩、黑云片岩、斜长角闪岩捕虏体，后期基性岩脉侵入现象常见。圈椅埫岩体中可见钾长花岗岩体有较明显的粒径变化，具明显的岩相分带现象。

2）岩性组合特征

岩石类型以黑云母钾长花岗岩为主，次为黑云母花岗岩、黑云二长花岗岩、石英正长岩、正长岩等，其中石英正长岩、二长岩及正长岩主要分布于岩体南部（表2-1）。

表2-1　黄陵穹隆核部圈椅埫钾长花岗岩体各类岩石特征表（据水月寺幅1∶5万区调报告）

岩石类型	主要矿物含量（%）				结构构造
	钾长石	斜长石	石英	黑云母	
黑云碱长花岗岩	56～64	5～10	28～32	3～6	以花岗结构、交代结构为主，次为似斑状结构、显微文象结构、似文象结构；块状构造
黑云钾长花岗岩	44～48	20～28	23～30	1～4	花岗结构、交代结构；块状构造
黑云母二长花岗岩	27～47	25～30	25～36	3～4	以花岗结构为主，次为交代结构、显微文象结构、似文象结构、碎裂结构、似斑状结构；块状构造
黑云石英正长岩	64～67	8～10	18～20	5～7	花岗结构；块状构造
黑云石英二长岩	28～40	32～50	10～15	3～5	半自形—他形粒状结构、交代结构（花岗结构）
正长岩	70～80	1	2～3	1～2	交代结构；块状构造

岩石整体呈砖红色，斑状结构，块状构造，主要组成矿物为：钾长石（65%～70%）、石英（20%～25%）、黑云母（＜5%）、斜长石（＜5%），磁铁矿、磷灰石、锆石为其主要副矿物（＜1%）。钾长石具明显的文象结构，粒径可达5mm，主要为微斜长石，含少量条纹长石。石英为半自形至自形，粒径为1～2mm。

3）形成时代

圈椅埫花岗岩锆石U-Pb同位素定年、岩石地球化学特征研究表明，其形成于古元古代晚期约1850Ma的A型花岗岩，是深部太古宙地壳在古元古代后造山伸展构造环境发生部分熔融形成的花岗岩（熊庆等，2008；Peng et al，2012）。

二、新元古代花岗侵入杂岩

新元古代花岗侵入杂岩是指主要分布于黄陵穹隆南部的新元古代黄陵花岗质复式岩体，也称黄陵花岗岩岩基、黄陵复式花岗岩体。综合武汉地质调查中心1∶5万莲沱幅、三斗坪幅区域地质填图（2012）、Wei等（2012）新元古代花岗侵入杂岩划分方案，以及马大铨等（2002）、1∶25万荆门幅区域地质调查（2006）等研究成果，将新元古代黄陵花岗杂岩划分为由早到晚的4个岩浆活动阶段对应的4个岩石组合（详见图2-12和表2-2）。

表 2－2 黄陵穹隆地区新元古代侵入岩划分对比表

马大铨等(2002)			1∶5万区调(1991,1994)			1∶25万区调(2006)			1∶5万区调(2012)			本项目组研究			同位素年龄(Ma)
岩套	单元	主要岩性	超单元	单元	主要岩性	超单元	单元	主要岩性	序列	侵入体	主要岩性	超单元	侵入体	主要岩性	
晓峰	七里峡	花岗斑岩、花岗闪长斑岩	七里峡	七里峡	花岗斑岩、岩墙群花岗闪长斑岩	七里峡	七里峡	花岗斑岩、岩墙群花岗闪长斑岩	晓峰	七里峡岩墙群	花岗斑岩、花岗闪长斑岩	晓峰	七里峡岩墙群	花岗斑岩、花岗闪长斑岩	797～806
大老岭	马滑沟	中细粒含石榴二云二长花岗岩	大老岭	龚家冲	中粗粒钾长花岗岩	华山关	龚家冲	中粗粒钾长花岗岩	华山关	龚家冲	中粗粒正长花岗岩	大老岭	马滑沟	中细粒含石榴二云二长花岗岩	795
				王家山	中(细)粒黑云母二长花岗岩		王家山	中(细)粒黑云母二长花岗岩		王家山	中(细)粒黑云二长花岗岩				
				马滑沟	中细粒含石榴二云二长花岗岩	大老岭	马滑沟	中细粒黑云母二长花岗岩	大老岭	马滑沟	中细粒二长花岗岩				
	田家坪	似斑状角闪黑云二长花岗岩		田家坪	似斑状角闪黑云二长花岗岩		田家坪	似斑状角闪黑云二长花岗岩		田家坪	似斑状角闪黑云二长花岗岩		田家坪	似斑状角闪黑云二长花岗岩	
	鼓浆坪	不等粒黑云二长花岗岩		鼓浆坪	不等粒黑云二长花岗岩		鼓浆坪	不等粒黑云二长花岗岩		鼓浆坪	黑云二长花岗岩		鼓浆坪	黑云二长花岗岩	
	凤凰坪	角闪黑云石英二长闪长岩		凤凰坪	角闪黑云石英二长闪长岩		凤凰坪	角闪黑云石英二长闪长岩		凤凰坪	角闪黑云石英二长闪长岩		凤凰坪	角闪黑云石英二长闪长岩	
				龙潭坪	细粒斑状黑云母花岗岩		陈家湾	中粒斑状黑云斜长花岗岩		龙潭坪	细粒斑状黑云母花岗岩		龙潭坪	细粒斑状黑云母花岗岩	844
				陈家湾	中粒斑状黑云斜长花岗岩		金龙沟	中细粒闪长岩		金龙沟	中细粒闪长岩		金龙沟	中细粒闪长岩	
黄陵庙	下堡坪	淡色似斑状黑云花岗闪长岩	黄陵庙	总溪坊	中粒黑云母花岗岩	黄陵庙	总溪坊	中粒二长花岗岩	黄陵庙	总溪坊	中粒黑云母二长花岗岩	黄陵庙	总溪坊	中粒黑云母二长花岗岩	
				内口	中粒斑状黑云母花岗闪长岩		内口	中粒斑状黑云母花岗闪长岩		内口	中粒斑状花岗闪长岩		内口	中粒斑状花岗闪长岩	835
	蛟龙寺	淡色似斑状黑云奥长花岗岩								茅坪沱	中粒含斑花岗闪长岩		茅坪沱	中粒含斑花岗闪长岩	844
				鹰子咀	中粒花岗闪长岩		鹰子咀	中粒花岗闪长岩		鹰子咀	中粒花岗闪长岩		鹰子咀	中粒花岗闪长岩	850
	乐天溪	含角闪石黑云奥长花岗岩		路溪坪	中细粒斜长花岗岩		路溪坪	中细粒斜长花岗岩		路溪坪	中细粒奥长花岗岩		路溪坪	中细粒黑云斜长(奥长)花岗岩	852

续表 2－2

马大铨等(2002)			1∶5 万区调(1991,1994)			1∶25 万区调(2006)			1∶5 万区调(2012)			本项目组研究			同位素年龄(Ma)
岩套	单元	主要岩性	超单元	单元	主要岩性	超单元	单元	主要岩性	序列	侵入体	主要岩性	超单元	侵入体	主要岩性	
三斗坪	小溪口	中细粒角闪英云闪长岩	茅坪	王良楚垭	中细粒角闪黑云英云闪长岩	茅坪		中细粒角闪黑云英云闪长岩(脉)	茅坪		中细粒角闪黑云英云闪长岩(脉)	茅坪		中细粒角闪黑云英云闪长岩(脉)	
	堰湾	粗粒含角闪石黑云英云闪长岩		金盘寺	粗中粒含角闪黑云英云闪长岩		金盘寺	粗中粒含角闪黑云英云闪长岩		金盘寺	粗中粒角闪黑云英云闪长岩		金盘寺	中粗粒角闪黑云英云闪长岩	842
	西店咀	角闪黑云英云闪长岩		三斗坪	中粒角闪黑云英云闪长岩		三斗坪	中粒黑云角闪英云闪长岩		三斗坪	中粒黑云角闪英云闪长岩		三斗坪	中粒黑云角闪英云闪长岩	863 838～844
	太平溪	中粗粒黑云角闪英云闪长岩		东岳庙	中细粒黑云角闪石英闪长岩		太平溪	粗中粒黑云角山石英闪长岩		太平溪	粗中粒石英闪长岩		太平溪	中粗粒石英闪长岩	
				太平溪	粗中粒黑云角闪石英闪长岩										
	美人沱	中细粒石英闪长岩		中坝	中细粒角闪石英闪长岩		中坝	中细粒角闪石英闪长岩		中坝	中细粒石英闪长岩		中坝	中细粒石英闪长岩	
				文昌阁	细粒黑云角闪石英闪长岩										
	肖家猪	石英辉长岩		肚脐湾	粗粒角闪闪长岩		肚脐湾	粗粒角闪闪长岩		肚脐湾	变粗中粒辉长岩		肚脐湾	变中粗粒辉长岩	
			端坊溪	寨包	细中粒闪长岩	端坊溪	寨包	细中粒闪长岩	端坊溪	寨包	变细中粒辉长岩	端坊溪	寨包	变细中粒辉长岩	>860
				垭子口	中细粒角闪闪长岩		垭子口	中细粒角闪闪长岩		垭子口	变中细粒辉长岩		垭子口	变中细粒辉长岩	

1. 新元古代第一期中—基性侵入岩组合

主要分布于太平溪镇端坊溪、寨包一带，总体呈北西西向，由变辉长岩和角闪辉长岩体组成，岩石具中细粒等粒结构，块状构造，各岩石单元均具较弱的绿泥石化、绿帘石化、绢云母化等。根据其岩性、结构和接触关系等划分为垭子口、寨包两个岩浆侵入单元（侵入岩体）。

1）垭子口中细粒闪长岩体（$Pt_3^1\delta$）

（1）地质特征

垭子口岩体侵入于小以村（岩）组，局部被黄陵庙超单元穿切，在黄陵庙超单元中见有大量哑子口单元捕虏体。

（2）岩石特征

该岩体主要由变中细粒闪长岩组成，局部暗色矿物分布不均而显花斑状，偶见紫苏辉石、普通辉石残晶。岩石主要矿物含量分别为：斜长石77%～78%，普通角闪石20%～21%，黑云母1%～2%，辉石为1%左右。副矿物种类少，磁铁矿占据主导，次为黄铁矿、磷灰石。岩体中含有斜长角闪岩、角闪石岩、黑云斜长片麻岩包体等。斜长角闪岩和斜长片麻岩包体特征与围岩崆岭群具相似性。包体与围岩呈渐变关系，此类包体应为深源岩浆熔融残留体。根据垭子口岩体被黄陵庙超单元穿切的地质事实，推测该岩体形成时代应大于860Ma。

2）寨包细中粒闪长岩体（$Pt_3^1\delta z$）

（1）地质特征

寨包岩体侵入垭子口单元，接触界面清晰呈港湾状，向内倾斜，内接触带可见宽约1m的较密集叶理带。西北部被震旦系莲沱砂岩沉积接触掩盖。

（2）岩石特征

该岩体主要由细中粒闪长岩构成，主要矿物含量分别为：斜长石59%～60%，角闪石32%～33%，辉石5%～6%，黑云母1%～2%。岩石副矿物种类较少，磁铁矿占主导，次为黄铁矿、磷灰石等。岩体中包体较少，主要为角闪石岩，斜长角闪岩分布于内接触带附近。根据地质接触关系，本岩体单元形成时代应略晚于垭子口中细粒闪长岩。

2. 新元古代第二期中—酸性侵入岩组合（TTG?）

新元古代第二期中—酸性侵入岩组合位于黄陵穹隆西南部，分布于三斗坪、黄家冲一带，总体呈北北西向展布，西北侧侵入中—新元古代庙湾岩组（即庙湾蛇绿混杂岩），南端被南华系莲沱组沉积不整合覆盖，东侧被黄陵庙超单元侵入。主要岩性为石英闪长岩-英云闪长岩，具细—粗粒不等粒结构，块状构造，主要矿物为斜长石、角闪石、石英、黑云母等，属次铝质钙碱性中酸性岩类。

岩体中微粒包体较发育。根据岩性、矿物成分、结构构造、包体及接触关系等特征，将其划分为：中坝中细粒石英闪长岩体（$Pt_3^2\delta o$）、太平溪中粗粒石英闪长岩体（$Pt_3^2\delta o$）、三斗坪英云闪长岩体（$Pt_3^2\gamma o\beta$）、金盘寺英云闪长岩体（$Pt_3^2\gamma o\beta$）4个岩浆侵入岩体（单元）。

1）中坝中细粒石英闪长岩体（$Pt_3^2\delta o$）

（1）地质特征

中坝单元（岩体）总体呈近南北—北东向弧形展布。西侧侵入崆岭群，南段被震旦系莲沱组角度不整合覆盖，东侧与太平溪单元呈平行式侵入不整合接触，南东侧被三斗坪单元斜切式穿切。

(2)岩石特征

主要岩性为中细粒石英闪长岩，主要矿物为：斜长石(54%～55%)，普通角闪石(32%～33%)，石英(10%～11%)，黑云母(2%～3%)。岩石中副矿物类型少，磁铁矿占主导，含少量锆石、磷灰石、黄铁矿等。

岩体单元中包体发育，类型较多，有细微粒闪长(玢岩)质、斜长角闪岩、(角闪)黑云斜长片麻岩等包体，后两类包体特征与崆岭群变质岩具相似性，且多产于崆岭群的内接触带附近。包体集中成带或孤立产出，与围岩呈截变或弥散状接触，偶见包体具黑云母环边。此外，还见有石英闪长岩、灰绿玢岩包体。

根据侵入接触关系，中坝细粒石英闪长岩形成时代应早于三斗坪英云闪长岩体，即早于860 Ma，但晚于新元古代第一期的寨包细中粒辉长岩体。

2)太平溪中粗粒石英闪长岩体($Pt_3^2\delta o$)

(1)地质特征

太平溪中粗粒石英闪长岩体呈近南北—北北东向带状展布，南东侧被三斗坪单元穿切，北侧侵入崆岭群。

(2)岩石特征

主要岩性为中粗粒石英闪长岩，主要矿物为：斜长石 64%～66%、石英 14%～16%、普通角闪石 11%～13%和黑云母 5%～6%。副矿物种类较少，磁铁矿占主导，磷灰石、褐帘石含量较高。

岩体中包体极发育，主要为闪长玢岩质包体，呈长条—透镜状产出，外形圆滑，多密集呈条带状产出，带宽一般 3～5m 不等，顺叶理产出，其成分与中坝中细粒石英闪长岩体中的闪长(玢岩)质包体相近，但含斜长石斑晶(5%～8%)。

根据侵入接触关系，太平溪中粗粒石英闪长岩体形成时代应早于三斗坪英云闪长岩体，即大于 860Ma，但晚于中坝中细粒石英闪长岩体。

3)三斗坪英云闪长岩体($Pt_3^2\gamma o\beta$)

(1)地质特征

三斗坪英云闪长岩体是新元古代第二期侵入岩的主体，分布于三斗坪、王良楚垭一带，呈近南北向展布，其北部侵入崆岭群古元古代小以村(岩)组、中—新元古代庙湾(岩)组，南侧被南华系莲沱组沉积不整合覆盖，东侧被金盘寺英云闪长岩体($Pt_3^2\gamma o\beta$)、路溪坪斜长(奥长)花岗岩体($Pt_3^2\gamma o$)穿切。

(2)岩石特征

主要岩性为中粒黑云角闪英云(石英)闪长岩，岩石风化面呈灰褐色，新鲜面呈暗灰—黑白相间的斑杂色。中粒结构为主，长英矿物粒径 2～4mm，少量可达 5mm，块状构造。主要矿物为斜长石(55%～65%)、石英(10%～18%)、黑云母(12%～20%)、普通角闪石(5%～10%)等。常见副矿物为磁铁矿，次为磷灰石、钛铁矿、褐帘石、锆石等。锆石颜色较杂，以玫瑰色、浅黄色为主。地球化学数据特征显示为过铝质钙碱性花岗岩类。包体较发育，常见闪长(玢)岩、暗色闪长岩、斜长角闪岩包体。

三斗坪英云闪长岩体侵入中—新元古代庙湾岩组 $Pt_{2-3}m$，但又被新元古代第三期的黄陵庙花岗岩侵入。在中粒角闪黑云英云闪长岩获得的锆石 SHRIMP U－Pb 同位素成岩年龄为(863±9)Ma(Wei et al,2012)。

4)金盘寺英云闪长岩体($Pt_3^2\gamma o\beta$)

(1)地质特征

该岩体呈北北西向带状展布,西侧与三斗坪英云闪长岩体呈涌动接触,南侧被南华系沉积不整合覆盖,东侧被路溪坪斜长(奥长)花岗岩体侵入。

(2)岩石特征

主要岩性为中粗粒角闪黑云英云闪长岩,中粗粒结构,块状构造。主要矿物为:斜长石(55%~62%),呈半自形板条状,粒径2~5mm;石英(12%~20%);黑云母(12%~18%),呈鳞片、书页状,片径2~5mm,大者可呈7~10mm,多为集合体;普通角闪石(7%~12%),呈半自形长柱状,柱长多为3~6mm,少量可达8cm,常见副矿物为磁铁矿、磷灰石、锆石、褐帘石等。地球化学数据显示其为铝质钙碱性花岗岩类。岩体中常见闪长玢岩、斜长角闪岩等包体,多呈单体出现,包体外形圆滑,边缘偶见黑云母晕圈。

金盘寺英云闪长岩体侵入中—新元古代庙湾岩组$Pt_{2-3}m$,但又被新元古代第三期黄陵庙花岗岩侵入。在粗中粒角闪黑云英云闪长岩获得的锆石SHRIMP U-Pb同位素成岩年龄为(842±10)Ma(Wei et al,2012)。

3.新元古代第三期侵入岩

新元古代第三期侵入岩是黄陵花岗岩岩基的主要组成部分,分布于鹰子咀、内口、古城坪等地,西侧侵入新元古代第二期中—酸性侵入岩组合,南端被南华系莲沱组沉积不整合覆盖。总体具细—粗中粒等粒或连续不等粒结构,块状构造,包体类型单调,零星出露。根据岩石成分、结构、构造及地质接触关系等,新元古代第三期侵入岩可划分为:路溪坪斜长(奥长)花岗岩体($Pt_3^3\gamma o$)、鹰子咀花岗闪长岩体($Pt_3^3\gamma\delta$)、内口斑状花岗闪长(二长花岗岩)($Pt_3^3\pi\gamma\delta$)和茅坪沱含斑花岗闪长(二长花岗岩)岩体($Pt_3^3\pi\gamma\delta$)4个岩浆侵入单元。

1)路溪坪斜长(奥长)花岗岩体($Pt_3^3\gamma o$)

(1)地质特征

路溪坪单元呈北北西向、北西向带状展布,该侵入体呈斜切式侵入新元古代第二期侵入岩中的金盘寺粗中粒英云闪长岩体,并侵入中—新元古代庙湾蛇绿混杂岩,东侧与鹰子咀中粒花岗闪长岩体多呈涌动接触,局部地方为脉动接触。葛后坪一带呈近南北向的带状,其北西侧与中粒花岗闪长岩呈涌动接触,其余地方被南华系或震旦系沉积不整合覆盖。

(2)岩石特征

主要为中细粒斜长(奥长)花岗岩(部分为英云闪长岩)。岩石风化面呈灰黄色,新鲜面呈灰色,具中细粒花岗结构,块状构造,矿物粒径1~2.5mm。主要矿物为:斜长石(64%~68%)、呈他形—半自形板条状,聚片双晶发育,偶见卡钠复合双晶,具环带状构造;石英(24%~30%);黑云母(4%~8%),多呈鳞片状,少量呈书页片状定向分布,角闪石(1%~3%),呈针柱状,钾长石(2%~5%);副矿物有磁铁矿,少量独居石、石榴石、锆石等。锆石呈玫瑰—浅玫瑰色,环带构造较发育。地球化学数据特征显示其为铝过饱和钙碱性花岗岩类。岩体内偶见粗中粒(斑状中粒)黑云石英闪长岩及中细粒黑云英云闪长岩包体,其与崆岭群接触处见斜长角闪岩及黑云斜长片麻岩包体。

路溪坪斜长(奥长)花岗岩体侵入中—新元古代庙湾蛇绿混杂岩、中细粒英云闪长岩体,但又被鹰子咀中粒花岗闪长岩体侵入。在路溪坪中细粒斜长(奥长)花岗岩获得的锆石

SHRIMP U－Pb 同位素成岩年龄为(852±12)Ma(Wei et al,2012)。

2)鹰子咀中粒花岗闪长岩体($Pt_3^3\gamma\delta$)

(1)地质特征

该岩体分布于鹰子咀一带,空间上呈环状分布,东侧为北西向分布的 6 个小岩体,西侧为一呈北西向带状展布的大岩体。该岩体侵入路溪坪中细粒斜长(奥长)花岗岩,被后期茅坪沱中粒少(斑状)斑花岗闪长岩涌动侵入,被内口中粒斑状花岗闪长岩呈脉动侵入。

(2)岩石特征

主要为中粒花岗闪长岩,中粒结构,矿物粒径 2～5mm,多为 3mm 左右,主要矿物为:斜长石(50%～55%),呈半自形板条状,聚片双晶发育,偶见卡钠复合双晶,部分岩石中斜长石晶体表面浑浊,呈黄褐色,见黏土化和绢云母化,并见白云母穿插交代斜长石现象;石英(25%～30%)、呈他形粒状,局部由于构造作用有波状消光及重结晶现象;钾长石(8%～15%),呈他形粒状—半自形板状,具格子双晶,不均匀分布于岩石中,偶见条纹长石(正条纹长石);黑云母(4%～5%),呈鳞片状,少数为书页状,具浅黄—暗褐色多色性。在南沱附近的侵入体中,可见部分黑云母被白云母穿切交代,少量被绿泥石交代。副矿物以磁铁矿为主,次为磷灰石,锆石及褐帘石;锆石颜色较杂,以淡玫瑰色、浅黄色为主,其次为淡紫色。常见闪长玢岩质、暗色粗粒闪长质包体。偶见斑状黑云石英闪长质、中细粒黑云英云闪长质包体,与崆岭群接触处可见有斜长角闪岩、片麻岩包体。地球化学数据显示其属铝过饱和型钙碱性花岗岩类。

鹰子咀单元与路溪坪中粒斜长(奥长)花岗岩单元、茅坪沱中粒含斑花岗闪长岩体单元均呈涌动接触,而被内口中粒斑状花岗闪长单元脉动侵入。鹰子咀单元中粒花岗闪长岩获得的锆石 SHRIMP U－Pb 同位素成岩年龄为(850±4)Ma(Wei et al,2012)。

3)茅坪沱中粒含斑花岗闪长岩体($Pt_3^3\pi\gamma\delta$)

(1)地质特征

茅坪沱中粒含斑花岗闪长单元分布于乐天溪附近的茅坪沱一带,其与鹰子咀中粒花岗闪长岩体、内口中粒斑状花岗闪长岩体均呈涌动侵入接触。

(2)岩石特征

主要为中粒少斑花岗闪长岩,岩石风化面呈灰黄色,新鲜面呈浅灰色。矿物粒径 2～5mm,主要矿物为:斜长石(55%～60%)、石英(28%～35%)、钾长石(3%～8%),以及少量的黑云母(3%～5%),副矿物以磁铁矿为主,其他副矿物含量低。具似斑状结构,块状构造。斑晶主要为石英聚晶和少量斜长石斑晶,钾长石斑晶少见,部分地方钾长石含量低,接近浅色英云闪长岩的成分。

茅坪沱中粒含斑花岗闪长岩单元以含斜长石和石英斑晶与鹰子咀中粒花岗闪长岩单元相区分,其与内口中粒斑状花岗闪长单元的区别是,内口中粒斑状二长花岗岩中以钾长石斑晶为主,斑晶含量大于 10%,且钾长石斑晶较大,而茅坪沱中粒含斑花岗闪长岩体单元中的钾长石斑晶少,主要为石英聚斑晶。地球化学数据显示其属铝过饱和型钙碱性花岗岩类。茅坪沱中粒含斑花岗闪长岩中见有闪长玢岩质、暗色粗粒闪长质包体,偶见斑状黑云石英闪长质、中细粒黑云英云闪长质包体,与崆岭群接触处见斜长角闪岩、片麻岩包体。

茅坪沱中粒含斑花岗闪长岩单元侵入中—新元古代庙湾蛇绿混杂岩、细中粒英云闪长岩体,并与鹰子咀中粒花岗闪长岩单元、内口中粒斑状花岗闪长岩单元呈涌动接触。在茅坪沱中粒含斑花岗闪长岩单元中获得的锆石 SHRIMP U－Pb 同位素成岩年龄为(844±11)Ma(Wei et al,2012)。

4)内口中粒斑状花岗闪长岩体($Pt_3^3\pi\gamma\delta$)

(1)地质特征

该岩体主要分布于乐天溪、古城坪、钟鼓寨一带,其与茅坪沱中粒含斑花岗闪长岩单元呈涌动侵入接触,与总溪仿侵入体呈脉动侵入接触。

(2)岩石组合特征

主要为中粒斑状黑云花岗闪长岩,部分地方钾长石含量偏高,可定名为二长花岗岩,斑状结构,块状构造。矿物粒径2～5mm,岩石风化面呈灰黄色,新鲜面呈浅灰色。主要矿物为:斜长石(52%～55%)、石英(28%～33%)、钾长石(10%～20%)及少量黑云母(3%～5%),副矿物以磁铁矿为主,见少量褐帘石、榍石、锆石等。钾长石中常见明显环带状构造。岩体中零星见斑状黑云英云闪长质、斑状黑云石英闪长质、闪长玢岩质、黑云片岩等包体,一般呈次圆—次棱角状,中细粒黑云英云闪长质包体呈条带状产出,与围岩呈截变接触。地球化学数据显示其属铝过饱和型钙碱性花岗岩类。

内口中粒斑状花岗闪长岩单元侵入鹰子咀中粒花岗闪长岩单元,部分地段可见其脉动侵入茅坪沱中粒含斑花岗闪长岩单元。内口单元中粒斑状黑云花岗闪长岩获得的锆石SHRIMP U－Pb同位素成岩年龄为(835±14)Ma(Wei et al,2012)。

4.新元古代第四期侵入岩

新元古代第四期侵入岩主要分布于黄陵花岗岩岩基西北部大老岭林场一带,包含4个岩浆侵入单元,西部被震旦纪地层沉积不整合覆盖,北、东、南三面侵入新元古代第三期侵入岩和太古宙崆岭群,形成时代为795Ma(凌文黎等,2006)。

1)凤凰坪二长闪长岩岩体($Pt_3^4\eta\delta$)

该岩体分布于大老岭超单元东北缘,总体呈弧形。岩石特征为:色率较高,中粒结构,块状构造(局部呈条带状),略具面状构造。

2)田家坪似斑状角闪黑云二长花岗岩体($Pt_3^4\pi\eta\gamma$)

该岩体近东西分布,以含大量粗大的钾长石斑晶及明显的角闪石区别于鼓浆坪单元,二者直接接触关系未能查明。两个单元相比,田家坪单元的色率和角闪石含量较高,而SiO_2较低,按岩浆演化规律,田家坪单元应早于鼓浆坪单元。

3)鼓浆坪二长花岗岩体($Pt_3^4\eta\gamma$)

该岩体为大老岭超单元最大的岩体单元,主要分布于之子拐、大老岭林场场部、天柱山、长冲一线及其以西地区,与凤凰坪单元呈截切式侵入,有时也可见渐变过渡关系。

4)马滑沟含石榴子石二长花岗岩体($Pt_3^4\eta\gamma$)

该岩体单元包括了马滑沟、沙坪、龙潭寺等岩体,以及许多未圈入的岩脉状小岩体。本单元分别侵入黄陵庙超单元和三斗坪超单元,未见与大老岭超单元之其他单元相接触,根据结构、矿物成分特点,暂将其置于大老岭超单元中最晚的侵入单元。

三、新元古代中—基性岩墙(岩脉)群

新元古代中—基性岩墙群主要分布于黄陵穹隆核部东侧晓峰一带,前人称其为晓峰岩套、七里峡岩墙群($Pt_3\delta\mu-\gamma\pi q$),该类岩墙群单个脉体的规模较小,数量多,且岩性变化大,脉岩十分发育,走向多为NE30°～70°。北、西、南分别侵入路溪坪单元和内口单元,皆为超动接触。

该岩墙群由大量密集的北东向陡立岩墙(脉)组成,单个脉体一般宽1～10m,沿走向长30～70m,多倾向南东,少数倾向北西。形成时代为806～797Ma(Zhang et al,2008)。

七里峡岩墙群岩性较复杂,主要岩性为细粒闪长岩、闪长玢岩、石英闪长玢岩、石英二长闪长玢岩、斜长花岗斑岩等。该类岩脉与围岩具有清晰截然的边界,其相互之间侵入关系为:斜长花岗斑岩脉侵入围岩,闪长玢岩脉侵入细粒闪长岩,石英闪长玢岩脉侵入闪长玢岩脉,石英二长闪长玢岩脉侵入闪长玢岩脉等。

七里峡岩墙群的侵位顺序为:细粒闪长岩→闪长玢岩→石英闪长玢岩→石英二长闪长玢岩→花岗斑岩。另外,还有少量微晶闪长岩脉及辉绿(玢)岩脉随机分布,产状与上述岩脉一致,并明显穿切上述岩脉。斜长花岗斑岩脉中还可见有暗色包体,形态多样,有圆形、树叶状、不规则状等,一般来说,包体越大者形态越不规则。

(1)细粒闪长岩脉:本类岩脉常被闪长玢岩脉侵入,界线截然,细粒闪长岩脉边部见1～2mm烘烤边,接触面产状300°∠79°。灰色,细粒结构,块状构造,主要矿物为斜长石、角闪石、黑云母及少量石英。斜长石呈他形,半自形粒状、板状,粒径0.5～2mm;角闪石呈短柱状,粒径1～2mm;黑云母呈细鳞片状。副矿物主要为磁铁矿及榍石等。

(2)闪长玢岩脉:为主要岩石类型,常侵入细粒闪长岩脉,被石英二长闪长玢岩脉侵入。深灰色,斑状结构,块状构造,主要矿物成分见表2-3。斑晶主要由斜长石、角闪石组成,含少量黑云母。角闪石为自形柱状;斜长石多为自形板状,少数因熔蚀呈浑圆状,最大粒径为3～5mm,基质为隐晶质结构,约占总量70%。岩石副矿物为磁铁矿、磷灰石、锆石。

表2-3　七里峡岩墙(岩脉)群($Pt_3\delta\mu-\gamma\pi Q$)各岩石类型矿物含量表

(据1∶5万莲沱幅、分乡场幅、三斗坪幅、宜昌市幅区调报告,2012)

单位名称	岩性	主要矿物含量(%)				
		钾长石	斜长石	石英	黑云母	角闪石
七里峡岩墙(岩脉)群	斜长花岗斑岩	2～3	60	30	1～2	
	石英二长闪长玢岩	10(斑晶)	12(斑晶)			
	石英闪长玢岩	5	30～40	15～20	3～5	5～10
	闪长玢岩		60	5	10	10～20
	细粒闪长岩		60	5	4～5	20

(3)石英闪长玢岩脉:灰色,斑状结构,块状构造,主要矿物成分见表2-3。斑晶主要为钾长石,自形—半自形板状,为中长石,粒径0.4mm×10mm～1mm×4mm,可见环带结构、卡斯巴双晶和聚片双晶,具绢云母化、绿帘石化,基质为细粒结构。副矿物为磷灰石、锆石、绿帘石、榍石等。

(4)石英二长闪长玢岩脉:常包裹细粒闪长岩脉、闪长玢岩脉。紫红色,斑晶结构,块状构造,斑晶为钾长石和斜长石,自形板状,粒径3mm×2mm,斜长石发育卡钠复合双晶,钾长石为卡斯巴双晶,基质为细粒结构。副矿物为磁铁矿、磷灰石。

(5)斜长花岗斑岩脉:常侵入石英二长闪长玢岩脉。浅红—紫红色,斑晶结构,块状构造,主要矿物成分见表2-3。斑晶为斜长石,自形板条状,少数因熔蚀呈浑圆状,粒径(4×3)～(8

×5)mm，发育聚片双晶，具环带结构；次为石英，自形或不规则粒状，粒径 2mm×1.5mm。基质为石英、斜长石、黑云母，显微晶质—隐晶质结构。副矿物为磷灰石、金红石、锆石等。

黄陵穹隆核部地区七里峡岩墙（岩脉）群具明显的优选方位，空间展布总体呈北东向，与围岩的接触界面陡立，并可见冷凝边等岩浆侵入构造，明显地受北东向和北西向两组断裂控制，属典型的岩墙扩张侵位，意味着该时期已转入造山后伸展构造演化阶段，并有明显的抬升作用。

四、中—新元古代镁铁-超镁铁质岩

20 世纪 60—70 年代，湖北鄂西地质大队、宜昌地质矿产研究所等单位对分布于黄陵穹隆南部太平溪、邓村一带的变镁铁-超镁铁质岩开展过铬铁矿的地质勘察找矿和研究工作，以及 1∶5 万区域地质调查填图，并将其命名为庙湾组（岩组）。近年来，彭松柏等（2010）、Peng 等（2012）对变镁铁-超镁铁质岩的详细野外地质调查、岩相学、地球化学和构造变形特征研究，提出这套变镁铁-超镁铁质岩实际上是一套中—新元古代蛇绿岩残片的新认识，其形成时代为 1120～974Ma，并将其命名为庙湾蛇绿岩。

中—新元古代镁铁-超镁铁质岩主要分布于邓村、小溪口一带，总体呈北西西向带状展布，也是中南地区出露的最大超镁铁质岩体。变超镁铁质岩连续出露最大长度达 13km，宽度近 2km，似层状变镁铁质岩及变沉积岩分布于变超镁铁质岩两侧。变超镁铁质岩以蛇纹岩、蛇纹石化纯橄岩、辉石橄榄岩为主。变镁铁质岩以似层状细粒斜长角闪岩为主，层状、块状变辉长岩岩体，岩脉和辉绿岩岩脉分布于似层状细粒斜长角闪岩和蛇纹石化纯橄岩、方辉橄榄岩之间（图 2-13）。此外，变超镁铁-镁铁质岩空间上紧密伴生的还有少量透镜状、似层状薄层大理岩，石英岩等变沉积岩。

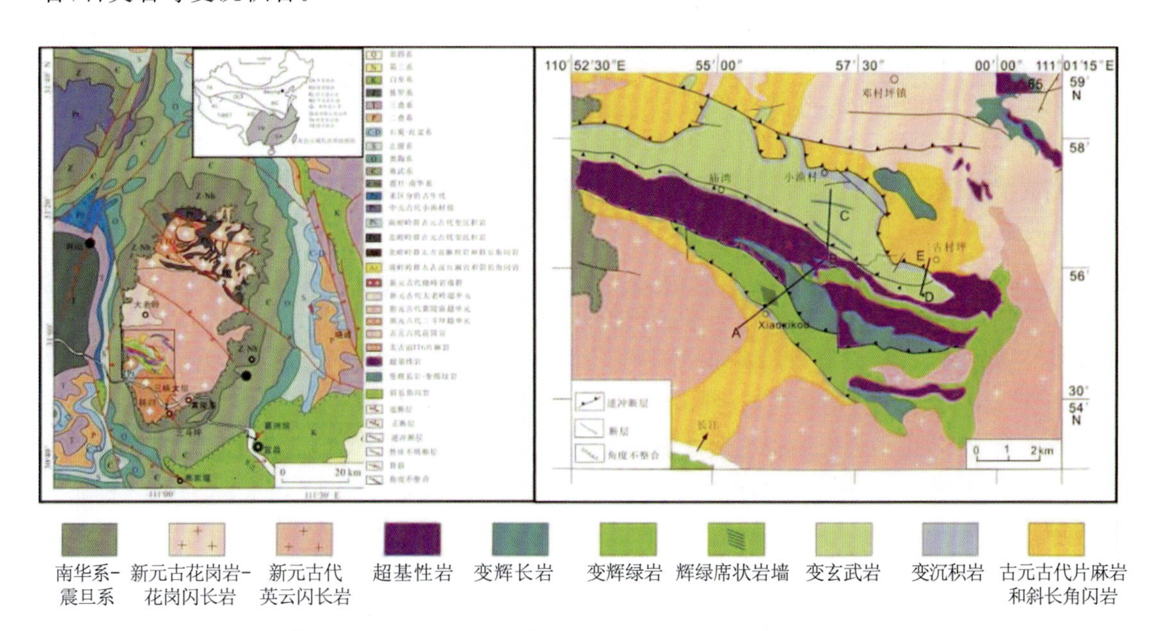

图 2-13　黄陵穹隆南部地区地质构造略图（据彭松柏等，2010；Peng et al，2012 修编）

1. 蛇纹石化方辉橄榄岩

蛇纹石化方辉橄榄岩呈透镜状岩块、岩片产出。岩石呈深灰黑色、灰绿色，他形—半自形柱状结构，网脉状构造、块状构造。岩石蛇纹石化强烈，矿物具定向排列，糜棱面理发育。主要矿物为：辉石(45%～50%)、橄榄石(35%～45%)、角闪石(3%～5%)、磁铁矿(1%～2%)，蚀变矿物主要为蛇纹石、滑石和绿泥石。橄榄石呈半自形—自形柱状，粒径 3～5mm，多已被蛇纹石、滑石所取代，并常见包橄结构。辉石主要为单斜辉石，多蚀变为透闪石、阳起石，呈半自形柱—粒状，粒径 5～10mm，长轴具定向分布特征。

2. 蛇纹石化纯橄岩

蛇纹石化纯橄岩与方辉橄榄岩紧密共生，呈透镜状岩块、岩片产出。岩石为深灰黑色、灰绿色，他形粒状结构，蛇纹石化强烈，矿物具定向排列，糜棱面理发育，常见有豆状、豆荚状铬铁矿(图 2-14)，块状构造。主要矿物为：橄榄石(30%～40%)、蛇纹石(50%～60%)、斜方辉石(2%～3%)、铬铁矿(1%～3%)。橄榄石呈他形粒状，晶体较粗，粒径可达 3～5mm，沿网状裂隙大多橄榄石蚀变为蛇纹石、滑石，呈残余孤岛状，蚀变较弱的部位可见橄榄石呈线状排列。斜方辉石为半自形—他形粒状，粒径大小 1～3mm，几乎全被蛇纹石、透闪石、绿泥石交代呈假象，偶见柱状辉石被叶蛇纹石置换成绢石，局部可见透闪(?)石穿插、包裹橄榄石。随交代变质作用增强，橄榄石向透闪(?)石、蛇纹石、斜硅镁石、菱镁矿，特别是滑石转化，岩石颜色明显由深绿色变为灰黑色、灰绿色。

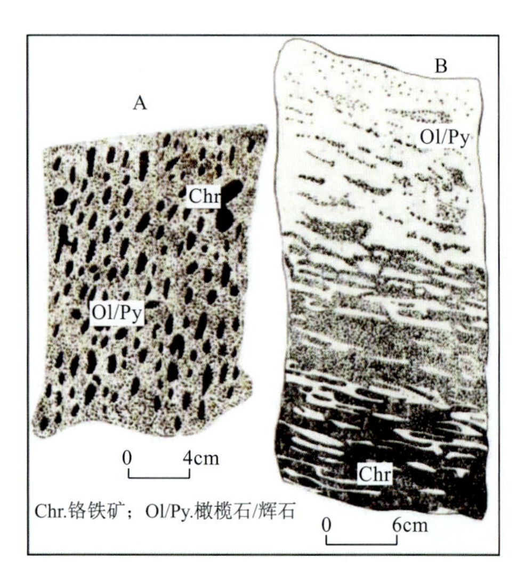

图 2-14 湖北太平溪地区铬铁矿结构构造

A. 流动豆状铬铁矿；B. 流变变形的块状到浸染状铬铁矿

3. 变辉长岩

变辉长岩主要分布于蛇纹石化纯橄岩、方辉橄榄岩南侧，呈岩体、岩脉产出。岩石呈深灰色，变余堆晶结构，层状韵律构造、块状构造，部分发生强烈韧性变形具典型条带—眼球状构造。显微镜下可见变余辉长结构，主要矿物为：镁普通角闪石(40%～45%)、基性斜长石(40%～45%)、普通辉石(3%～5%)、磁铁矿(1%～2%)。普通辉石一般为自形板柱状—板状，粒径一般为 5～8mm，多退变为角闪石、纤闪石、绿帘石、绿泥石等，少数呈孤岛状残留，常包嵌自形柱状斜长石，有的呈半包嵌结构或熔蚀港湾结构。斜长石主要为拉长石，呈柱状，自形程度较高，粒径比辉石略小，一般为 3～5mm。角闪石主要由辉石退变而成，呈半自形柱粒状，粒径一般为 2～3mm。

4. 变辉绿岩

变辉绿岩主要分布于蛇纹石化纯橄岩、方辉橄榄岩的南侧，与变辉长岩密切共生，相互穿切，呈岩脉、岩墙产出。岩石为深灰绿色，变余辉长—辉绿结构，块状构造，部分强烈韧性变形具条纹状构造。主要矿物为：普通辉石(35%～40%)、基性斜长石(40%～45%)、普通角闪石(5%～10%)、磁铁矿(1%～2%)。普通辉石一般为他形不规则状，粒径一般为 1～2mm，多退变为角闪石、绿帘石、绿泥石等，少数呈孤岛状残留。斜长石主要为拉长石，呈柱—粒状、自形—半自形，粒径一般为0.5～1mm。

5.变玄武岩

变玄武岩主要分布于蛇纹石化纯橄岩、方辉橄榄岩、变辉长岩和变辉绿岩的北侧，似层状产出。岩石为深灰色，变余斑状结构，条纹—条带状构造，普遍经历了韧性变形变质作用。变余斑晶斜长石的粒径一般为2～4mm，部分变余斑晶表现为角闪石斑晶、角闪石矿物集合体，但仍保留有辉石的形态特征。基质为阳起石、拉-培长石、绢云母，粒径一般0.1～0.3mm。主要矿物含量：镁普通角闪石40%～45%、基性斜长石35%～40%、透辉石1%～2%、石英5%～10%、绢云母2%～3%、磁铁矿2%～3%。镁普通角闪石呈短柱状，颗粒边缘多呈圆滑状，波状消光明显，偶见透辉石交代残晶保留短柱状辉石的外形。斜长石呈板状，多被钠-更长石、绢云母、绿泥石呈假象交代。石英常呈透镜状和扁豆状，具定向排列，波状消光明显，亚晶粒发育。钠-更长石则呈微粒状、透镜状集合体相间分布，定向排列，显示变玄武岩经历了强烈的韧性剪切变形。

第四节　变质岩与变质作用

长江三峡黄陵穹隆地区的变质岩主要为前寒武结晶基底中出露的区域变质岩，其次为接触热变质岩和动力变质岩。

一、古元古代区域变质岩

古元古代区域变质岩主要分布于黄陵穹隆核部的野马洞岩组、黄凉河岩组、力耳坪岩组、小以村岩组，古元古代基性-超基性岩和花岗岩也卷入了中高级变质作用之中。根据变形变质条件、岩石构造及矿物组成的差异，本区常见的区域变质岩可分为八大类(表2-4)。

(一)片岩类

黄陵穹隆核部地区片岩较发育，主要分布于黄凉河岩组。按矿物成分不同可分为4类。

(1)云母石英片岩类：黄凉河岩组有少量分布。常见岩性为二云石英片岩和含榴二云石英片岩、含矽二云石英片岩。岩石以云母和扁平的石英定向排列为特征，主要矿物以云母、石英为主，偶见矽线石或石榴石等特征矿物。副矿物以锆石、磷灰石、黄铁矿为主。

以含矽线石二云石英片岩为例。该类岩石具有鳞片花岗变晶结构，片状构造。主要矿物为石英(可达约65%)、黑云母、白云母，矽线石小于5%。黑云母、白云母定向排列构成片理，石英呈晶粒分布于片状矿物间，矽线石呈毛发状、针状、束状集合体，长轴具有优选方位。原岩为石英杂砂岩。

(2)富铝片岩：主要分布于黄凉河岩组，常见岩性为含石墨十字石(或矽线石、红柱石)二云片岩、含石墨十字石(或矽线石、红柱石)二云石英片岩。岩石呈浅灰—深灰色，变斑状变晶结构。基质具鳞片花岗变晶结构，片状构造。主要矿物以黑云母、白云母、石英为主，普遍含不定量石墨及富铝矿物(红柱石、十字石、矽线石)及斜长石，不含或少含钾长石。原岩为含有机质的泥岩或黏土质粉砂岩。

表 2－4　黄陵穹隆北部区域变质岩主要岩石类型表(据 1∶25 万荆门幅区调报告修编)

岩石分类		常见岩性	原岩特点
片岩类	富铝片岩类	含石墨红柱石十字石矽线石二云石英片岩、二云片岩	黏土质粉砂岩、含有机质黏土岩
	云母(石英)片岩类	白云石英片岩、含榴二云石英片岩	泥砂质岩、石英砂岩或杂砂岩
	绿片岩类	绿泥黑云片岩、含黝帘阳起-透闪片岩、绿帘角闪片岩	拉斑玄武岩
	石墨片岩类	石墨片岩、含石墨二云片岩	富有机质泥岩
变粒岩(粒岩)类		黑云变粒岩、角闪斜长变粒岩、含石榴石斜长变粒岩	长石砂岩、石英砂岩粉砂岩、英安质火山岩
片麻岩类	富铝片麻岩类	含石墨石榴子石矽线石黑云斜长片麻岩、含石墨石榴子石黑云斜长片麻岩	黏土质粉砂岩、含有机质黏土岩
	斜长片麻岩类	含榴黑云斜长片麻岩、角闪斜长片麻岩	英安质凝灰岩
	花岗质片麻岩类	英云闪长质片麻岩、奥长花岗质片麻岩、花岗闪长质片麻岩、二长花岗质片麻岩	英云闪长岩、奥长花岗岩、花岗闪长岩、二长花岗岩
斜长角闪岩类		含榴斜长角闪岩、石英斜长角闪岩、黑云斜长角闪岩、斜长角闪岩	基性火山岩、辉绿岩、钙质沉积岩
石英岩类		角闪石英岩、石榴石英岩、长石石英岩	石英砂岩
大理岩、钙硅酸岩类		透闪石大理岩、橄榄石大理岩、透闪岩、透辉方柱石岩、透闪透辉岩	白云质灰岩、泥灰岩、钙质粉砂岩
变镁铁—超镁铁质岩类		(滑石化)蛇纹岩、透辉石岩、绿泥透闪片岩	辉长岩、辉石岩、辉绿岩、辉橄岩、橄榄岩
麻粒岩类	基性麻粒岩类	紫苏麻粒岩、紫苏斜长角闪岩、含紫苏辉石石榴石角闪斜长片麻岩	基性岩(岩脉或夹层)
	泥质麻粒岩类	含刚玉矽线石片岩、榴线英岩	高岭石黏土岩

此类岩石中石英是最主要的矿物,其次是白云母和黑云母,富铝的十字石、红柱石常呈粗大的变斑晶,含量变化较大。矽线石则多呈毛发状集合体。

(3)石墨片岩:主要分布于黄凉河岩组。常见岩性为石墨片岩、石墨二云片岩,呈层状或透镜状与富铝片岩、大理岩伴生。岩石呈黑色,具鳞片变晶结构,片状构造。主要矿物以黑云母、白云母、石墨为主,含少量长石、石英及石榴子石,其中石墨为 20%～40%,局部高达 60%以上构成石墨矿床(如三岔垭、后山寺等地)。石墨经鉴定含有微古化石(宜昌地质大队,1987),表明属有机成因,因此原岩为有机质泥岩。

(4)绿片岩:主要分布于野马洞岩组、力耳坪岩组。常见岩性为绿帘角闪片岩、绿泥角闪黑云片岩、含黝帘阳起-透闪片岩等。主要矿物以阳起石-透闪石、绿泥石、角闪石、黑云母、斜长石为主,原岩为拉斑玄武岩,或不纯的泥灰岩等,属于基性变质岩。

绿帘角闪片岩:岩石具粒柱状变晶结构,片状构造。主要矿物为角闪石(50%～70%)、斜长石(10%～20%)、绿帘石(12%～25%),含少量黑云母、方解石、钛铁矿、榍石。角闪石呈淡绿色,均匀定向排列,边缘偶见无色角闪石冠状体。绿帘石呈细粒状分布。斜长石其牌号较低(An<8),为钠长石。

绿泥角闪黑云片岩:岩石具粒柱状鳞片变晶结构,片状构造。主要矿物为角闪石(5%～10%)、斜长石(10%～20%)、黑云母(20%～45%)、绿泥石(1%～8%)、石英(1%～5%)。角闪石呈淡绿色,均匀定向排列,黑云母呈棕褐色,斜长石则零星分布。

黝帘阳起-透闪片岩:广泛分布于野马洞岩组,主要矿物为阳起石、透闪石(合计57%～70%)、斜长石(20%～40%)、黝帘石(10%～20%)、绿泥石(1%～5%),含少量黑云母及钛铁质矿物。岩石具粒柱状变晶结构,片状构造。黝帘石呈聚集状分布于阳起-透闪石间隙中,斜长石强烈绢云母化或钠长石化,仅保留板柱状晶形。

(二)片麻岩类

区域内片麻岩较发育,可划分为正片麻岩和副片麻岩两类。副片麻岩主要分布于黄凉河岩组、野马洞岩组;正片麻岩则分布于东冲河片麻杂岩、巴山寺片麻杂岩和晒家冲片麻岩中。按矿物成分不同可分为富铝片麻岩、斜长片麻岩、花岗质片麻岩。

(1)富铝片麻岩:分布于黄凉河组,一般为细粒鳞片变晶结构,片麻状构造。棕红色黑云母含量较高(20%～30%),经常有石榴石变斑晶(有时高达10%～20%)和细针柱状矽线石(有时超过10%～15%),长英质矿物为更长石和含量不定的石英、钾长石,此外常还有1%～3%的石墨鳞片。最常见岩石类型为:含石墨矽线石榴黑云斜长片麻岩和含石墨黑云斜长片麻岩等。在上述岩层中有若干云母片岩夹层,一般为较深色细鳞片变晶结构,黑云母和白云母共占40%～50%,其余以石英为主,可有少量酸性斜长石,部分含红柱石、石榴子石、十字石等变斑晶,最常见是含石墨红柱石石榴石二云片岩和红柱石十字石二云片岩,此外还常见石墨含量较高的二云片岩和作为矿石的(黑云)石墨片岩,它们一般为极细粒(0.02～0.03mm)鳞片变晶结构和近似千枚状构造。原岩为黏土质粉砂岩含有机质泥岩。

含石墨黑云斜长片麻岩:主要矿物为石英(10%～27%)、斜长石(25%～55%)、黑云母(7%～15%)、石墨(3%～7%)。石英常呈不等粒扁平形态,经受韧性剪切导致的细粒化,后经重结晶彼此镶嵌排列。斜长石表现为绢云母化、细粒化。黑云母呈褐红—浅黄色多色性,并伴有铁质析出,石墨呈条带伴随黑云母定向分布。

含石墨石榴石矽线石黑云斜长片麻岩:主要矿物为石英(1%～23%)、斜长石(25%～50%)、黑云母(7%～25%)、矽线石(2%～21%)、石榴石(5%～20%)。长英质矿物特征同前。矽线石呈毛发状和棱柱状两种形态,前者常与黑云母呈反应边关系,后者与黑云母平衡接触。

含石墨二云斜长片麻岩:岩石呈鳞片粒状变晶结构,片麻—条带状构造。主要矿物为石英(30%～57%)、斜长石(30%～36%)、黑云母(15%～25%)、白云母(10%～30%)、石墨(小于5%)。黑云母常不均匀退变为白云母。

含榴红柱石十字石黑云斜长片麻岩:岩石呈鳞片花岗或斑状变晶结构,片麻—条带状构造。主要矿物为石英(30%)、斜长石(28%)、黑云母(25%)、白云母(5%)、红柱石(5%)、十字石(3%～5%)、石榴石(小于5%),含零星石墨、锆石、磷灰石、黄铁矿、电气石等。长英质矿物多聚集呈条带或透镜体顺片麻理分布,且见较多云母和石墨包体。

(2)斜长片麻岩:分布于黄凉河组、野马洞组,前者常见岩性为含榴黑云斜长片麻岩,主要矿物以黑云母及长英质矿物为主,可含少量石榴石,总体以鳞片花岗变晶结构为主,部分地方保留较好的变余砂状结构。原岩为长石石英砂岩。后者常见岩性为角闪斜长片麻岩，黑云角闪斜长片麻岩，据岩石化学成分恢复原岩为英安质火山凝灰岩。

含榴黑云斜长片麻岩：分布于黄凉河组，主要矿物为石英(30%～35%)、斜长石(30%～45%)、石榴子石(10%～15%)、黑云母(5%～20%)，含少量绿帘石和钛铁矿。石榴子石呈压扁透镜状，并沿裂隙被绿泥石交代成网状。斜长石强烈绢云母化，仅保留粒状外形，黑云母强烈绿泥石化，仅在核部保留红色残晶。原岩为长石石英砂岩。

角闪斜长片麻岩：分布于野马洞组，常与斜长角闪岩互层。矿物成分以斜长石(30%～56%)、石英(15%～30%)、角闪石(3%～36%)、黑云母(5%～10%)为主。片麻状构造。受混合岩化作用，斜长石边缘发育蠕英结构。原岩为英安质火山凝灰岩。

(3)花岗岩片麻岩：为英云闪长质-奥长花岗质-二长花岗质片麻岩，与围岩呈侵入接触，宏观上具花岗岩外貌，大量见及部分熔融的暗色残留体。有关描述见岩浆岩部分。

(四)斜长角闪岩类

斜长角闪岩类分布于黄凉河岩组、力耳坪岩组及野马洞岩组中，常见岩性有3种。

(1)斜长角闪岩：呈薄层状或夹层状产出，夹于黄凉河岩组富铝片麻岩及野马洞组，区域上零星分布。岩石呈粗粒柱状变晶结构，弱定向。主要矿物为石英(10%～20%)、角闪石(30%～45%)、斜长石(20%～40%)，含不等量的石榴子石、黑云母、透辉石。

(2)石榴斜长角闪岩：分布于野马洞岩组及力耳坪岩组，前者呈大小不等包体分布于东冲河片麻杂岩中，多与片麻岩和变粒岩互层，后者岩性单一，厚度变化大。主要矿物为角闪石(45%～60%)、石榴子石(5%～15%)、斜长石(15%～40%)，具细-中粒变晶结构，条带状构造，混合岩化强烈。原岩为基性火山凝灰岩。

(3)黑云斜长角闪岩：呈岩墙状产出，为核桃园基性-超基性岩的组成部分，镜下可见及单斜辉石残余及变余辉绿结构。块状构造，但边缘片理发育。粒度中部粗大、边缘细小。原岩为辉绿岩及辉长-辉绿岩。岩石化学成分显示斜长角闪岩类为镁铁质。

(五)大理岩类及钙硅酸盐粒岩类

大理岩类及钙硅酸盐粒岩类主要分布于黄凉河岩组，呈透镜状或夹层状产出。

(1)大理岩类：常见透闪大理岩和橄榄大理岩，主要矿物以白云石、透闪石、方解石为主，含有不等量透辉石、钙铝榴石、方柱石、橄榄石及石墨鳞片，常与石英岩、石墨片岩及富铝岩石相伴生。副矿物较少，以锆石、磁铁矿、帘石类为主。原岩应为含泥质白云质灰岩。

透闪石大理岩：岩石呈白色，细粒变晶结构，块状构造。主要矿物成分为白云石(约30%)、方解石(约60%)、透闪石(约10%)。

橄榄石大理岩：岩石呈淡黄色—灰白色，细粒变晶结构，块状构造。主要矿物为白云石(40%～60%)、方解石(10%～20%)、橄榄石(10%～25%)。含少量金云母、钙铝榴石、透辉石。橄榄石与方解石、白云石平衡共生，且多遭蛇纹石化。

(2)钙硅酸盐粒岩：常见透辉方柱石岩、透闪岩、透闪透辉岩、斜长透辉岩。岩石呈灰白色，细粒变晶结构，块状构造。主要矿物以钙镁硅酸矿物如透辉石、方柱石、透闪石、黝帘石为主，含不等量斜长石、石英、石墨。原岩为白云质灰岩、钙质粉砂岩。

透辉方柱石粒岩：岩石呈灰白色，粗粒变晶结构，块状构造。主要矿物为透辉石(38%～42%)、方柱石(50%～55%)，含少量斜长石及副矿物。

透闪岩：岩石呈淡绿色，粗粒变晶结构，块状构造。主要矿物为透闪石(85%)、白云石(10%)，含少量橄榄石及斜长石。

透闪透辉岩：岩石呈深绿色，粗粒变晶结构，块状构造。主要矿物为透闪石(5%～48%)、透辉石(50%～69%)，含少量石英、云母。

(六)石英岩类

石英岩类主要以透镜状产于黄凉河岩组富铝变质岩和含石墨片(麻)岩中，常见角闪石英岩，含榴石英岩和长石石英岩。均呈致密块状，石英含量>80%，同时含一定石榴子石、斜长石、石墨、角闪石。副矿物为锆石、磷灰石、磁铁矿。原岩为石英砂岩。

(七)变镁铁-超镁铁质岩类

变镁铁-超镁铁质岩类主要分布于超基性岩体中，野马洞岩组中亦有分布，常见岩性为绿泥透闪片岩、透辉石岩、滑石岩、蛇纹岩、蛇纹石化橄榄岩、辉橄岩，原岩为辉长岩、橄榄岩、辉橄岩。

(八)麻粒岩类

麻粒岩类主要为基性麻粒岩和泥质麻粒岩(榴线英岩类)。

1. 泥质麻粒岩(广义榴线英岩类)

泥质麻粒岩包括含大量矽线石、石榴石、石英的岩石(狭义榴线英岩)，及其与之类似的富铝变质岩。Al_2O_3 一般为 22.2%～29.2%，属典型孔兹岩系。分布于黄凉河岩组，常见岩石类型为：含刚玉石榴矽线片岩或片麻岩、含矽线石十字石红柱石蓝晶石石榴片岩、榴线英岩。它们均以夹层状或透镜状产于富铝片岩或片麻岩中，常与石英岩共生。具片麻状-块状-斑杂状构造。原岩可能为铝质-硅质胶结的高岭石黏土岩。

含刚玉石榴子石矽线片(麻)岩：呈灰白色，纤维—斑状变晶结构，片状或片麻状构造。主要矿物为矽线石(20%～40%)、斜长石(25%～45%)、石榴子石(5%～10%)、黑云母(2%～3%)、刚玉(5%～10%)，含少量锆石、金红石副矿物。矽线石呈棱柱状集合体顺片理展布。

矽线石十字石红柱石蓝晶石石榴片岩：呈灰白色，斑状变晶结构，片状构造。主要矿物为矽线石(8%)、十字石(5%)、红柱石(5%)、蓝晶石(11%)、石榴子石(45%)、石英(14%)、白云母(8%)、黑云母(2%)，含少量锆石、钛铁矿、磁铁矿等副矿物。

榴线英岩(狭义)：呈淡褐色，纤维状—斑状结构，斑杂—块状构造。主要矿物为石英(10%～40%)、矽线石(10%～38%)、十字石(0～5%)、红柱石(0～5%)、石榴子石(25%～60%)、斜长石(0～2%)、黑云母(2%～3%)，副矿物含量极少。

2. 基性麻粒岩

基性麻粒岩主要分布于秦家坪—周家河—坦荡河一线，二郎庙、李家屋场亦有分布。常呈透镜状夹于黄凉河岩组角闪岩相变质岩中。常见以下几种岩性。

含紫苏辉石斜长角闪岩：岩石呈暗灰色，具中—细粒变晶结构，条纹—芝麻点状构造。主要由角闪石(40%～62%)、紫苏辉石(2%～7%)、斜长石(25%～44%)、石英(3%～4%)、石榴子石(1%～4%)组成。紫苏辉石呈粒状、淡绿—淡红色，有时可见少量角闪石呈细粒残留于紫苏辉石中。

紫苏辉石麻粒岩：暗褐色，具粗粒变晶结构，斑杂状构造。主要由紫苏辉石(36%～60%)、石榴子石(1%～34%)、石英(<1%)组成。石榴子石多呈断续条纹分布,紫苏辉石可被透闪石交代但保持假象。

紫苏辉石黑云斜长片麻岩:呈灰白色,细粒斑状变晶结构,条带状构造。主要由黑云母(小于15%)、斜长石(55%)、石英(5%)、紫苏辉石(5%～10%)、石榴子石(15%)组成。紫苏辉石常见角闪石反应边。矿物成分以出现紫苏辉石、石榴子石为特征,含有或不含石英,原生可能为钙硅酸盐岩、基性岩。

总体上看,基性麻粒岩常退变为斜长角闪岩,局部过渡为黑云斜长片麻岩,原岩应属基性岩类。

二、接触交代变质岩

黄陵穹隆地区的接触变质岩主要为气液交代形成的矽卡岩,见于松树坪和刘家湾两地。黄陵花岗岩路溪坪单元与小以村组二段大理岩的接触带上可见矽卡岩型铜钼矿化。

(一)透辉石矽卡岩

透辉石矽卡岩主要由透辉石(90%+)、石英(0～5%)、阳起石、方解石组成,含微量辉钼矿、黄铜矿、磁铁矿等金属矿物。透辉石多被纤闪石化及绿泥石化。

(二)透辉石英矽卡岩

透辉石英矽卡岩主要由石英(75%～80%)、透辉石(约15%)、斜长石(约5%),少量石榴子石、绿泥石、黑云母等组成。石英他形粒状,其间常见透辉石呈粒状和柱状集合体分布。

(三)石榴绿帘透辉矽卡岩

石榴绿帘透辉矽卡岩主要由透辉石与绿帘石(70%～75%)、石榴子石(约15%)、黄铁矿、榍石组成。透辉石、帘石多呈他形粒状,少数呈短柱状产出;石榴子石呈粒状集合体不均匀产出。

(四)石英绿帘透辉矽卡岩

石英绿帘透辉矽卡岩主要由透辉石与绿帘石(二者约占50%)、石英(40%～45%)、阳起石、榍石、磷灰石、黄铁矿等组成。透辉石及帘石呈半自形短柱状和他形粒状产出,石英呈他形粒状集合体,均匀分布。

三、动力变质岩

黄陵穹隆地区在长期地质演化历史中经历了不同时期的韧性和脆-韧性变质变形事件及脆性破坏和改造事件,形成了各种各样的动力变质岩。区域上常呈线状或带状分布,其宽度及延伸长度变化较大,根据动力变质成因及环境可划分为韧性动力变质岩、脆-韧性动力变质岩和脆性动力变质岩三大类(表2-5)。

(一)韧性构造变质岩

黄陵穹隆北部高级变质岩-花岗片麻岩区,以及黄陵穹隆南部庙塆蛇绿混杂岩区中韧性变形动力变质岩普遍发育,主要岩石类型有构造片麻岩、糜棱岩和变晶糜棱岩。

1.构造片麻岩

野外露头上呈强直片麻理外观。以长英质构造片麻岩常见,长英质矿物强烈压扁拉长重结晶形成矩形条带状、针柱状角闪石及黑云母鳞片沿片麻理定向排列，变形分异的长英质脉体不对称褶曲，显示运动学标志。多形成于角闪岩-麻粒岩相变质环境。

表 2-5　动力变质岩分类表

类型	常见岩石	主要特征	形成环境
脆性构造变质岩	断层角砾岩、碎裂岩化岩、碎斑岩、碎粒岩、碎粉岩	发育碎裂结构，块状构造，常见“砾包砾”多期活动现象，伴生擦痕线理及牵引褶曲	水热蚀变
脆-韧性构造变质岩	云英质构造片岩、长英质构造片岩	宏观上呈叶片状、瓦片状构造，伴生长英质拉伸线理、绢云母条纹线理，常见塑性变形“云母鱼”及剪切-压溶裂隙脆性变形	低绿片岩相
韧性构造变质岩	糜棱岩化岩、初糜棱岩、糜棱岩、超糜棱岩、变晶糜棱岩	具典型糜棱结构，流动构造，发育各种塑性运动学标志，伴生角闪石生长线理、黑云母条纹线理	绿片岩相-角闪岩相
	构造片麻岩	呈强直片麻状、条带状，常见变余糜棱结构及重结晶的长英质矩形条带，伴生角闪石生长线理	角闪岩相

2. 糜棱岩

野外露头与显微尺度均以典型糜棱结构及流状构造为特征。常见长英质糜棱岩、斜长角闪质糜棱岩。按糜棱碎斑含量可进一步划分为糜棱化岩、初糜棱岩、糜棱岩、超糜棱岩。残斑以钾长石、斜长石、石英、角闪石为主。糜棱岩常发育多种显微运动学标志，如“S-C”组构、“σ”型旋转残斑、不对称压力影和长石、云母的书斜构造等。多显示低角闪岩相-高绿片岩相变质环境。

(1)糜棱岩化岩：基质含量小于10%，是糜棱岩中变形程度较低的一种岩石类型，具糜棱结构，长英质矿物边缘出现亚颗粒化，石英出现流动构造及波状消光，残斑系中斜长石机械双晶发育，黑云母解理纹出现轻微扭折，常见岩石类型有糜棱岩化二长花岗岩、糜棱岩化粒岩。

(2)初糜棱岩：基质含量为5%～10%，流动构造明显，石英具波状消光，斜长石双晶发生弯曲，黑云母解理纹弯曲变形，偶见核幔结构，常见岩石为长英质初糜棱岩和基性初糜棱岩。

(3)糜棱岩：在本区NE向或NWW向剪切带中较发育。糜棱岩的基质含量大于50%，碎斑以斜长石、钾长石为主，长石残斑呈眼球状、透镜状，石英呈拉长状，可见石英丝带及波状消光，石英重结晶明显。部分地方可见“σ”型和“δ”型长石旋转残斑，部分长石残斑显微破碎具明显书斜构造，黑云母在应力作用下形成“云母鱼”，局部地方可见黑云母退变为绿泥石，依据“σ”型及“δ”型旋转残斑、书斜构造、云母鱼及糜棱岩中的“S-C”组构可判别剪切带的剪切特点。常见糜棱岩有：花岗质糜棱岩、云英质糜棱岩。

3. 变晶糜棱岩

变晶糜棱岩分布于野马洞一带变质杂岩中，属地壳中深构造层次塑性变形的产物。岩石多经历了明显的静态重结晶作用，发育明显的变余糜棱结构和长英质矩形多晶条带，依糜棱岩化差异，可分为变晶初糜棱岩和变晶糜棱岩两类。

岩石具较强烈的糜棱岩化作用特征，定向构造及条带状构造发育，“云母鱼”常见，部分黑云母可见退变现象，偶见长石残斑。残斑呈眼球状、透镜状，部分残斑具旋转迹象，岩石重结晶明显，韧性基质颗粒加大，石英呈多晶条带，在碎斑附近，石英条带弯曲，显示变余糜棱结构。长石类矿物颗粒均已亚颗粒化，并在剪切应力作用下呈定向排列，经静态重结晶作用，颗粒间呈“三连点”镶嵌排列，在部分岩石中可见磷灰石呈链状排列现象，区内常见岩石为花岗质变晶糜棱岩。

（二）脆-韧性构造变质岩

脆-韧性构造变质岩主要为构造片岩，沿脆韧性剪切带分布，有的单独呈线状产出，有的叠加于早期韧性剪切带上，常见二云石英构造片岩、绢云石英构造片岩及绿泥绢云构造片岩。露头上常见一组不连续劈理与区域片（麻）理不一致，并伴生长英矿物拉长线理、黑云母或白云母条纹线理、显微镜下见及“云母鱼”、压力影及剪切压溶现象，多为低绿片岩变质环境。

（1）二云石英构造片岩：发育条带状构造，条带由云母和长英质矿物相见排列而成。长英质矿物相强烈压扁定向，且具波状消光，云母矿物呈透镜状或“云母鱼”，且解理弯曲，裂隙发育，裂隙内有碳质颗粒充填。

（2）绿泥绢云构造片岩：发育强烈叶理构造，矿物干涉色极不均匀，且具波状消光，云母和绿泥石矿物被拉成丝带状，其矿物边缘呈不规则状或锯齿状，内部解理弯曲，沿解理有石英脉贯入。

（三）脆性构造变质岩

脆性动力变质岩多沿晚期脆性断裂分布，主要为中新生代以来黄陵穹隆构造隆升事件使先存的变质岩、沉积岩及花岗岩遭受破坏和改造，形成不同形态碎裂岩，包括断层角砾岩、碎裂岩、碎斑岩、碎粒岩和碎粉岩，常发生硅化、绢云母化等热蚀变现象。在区域性大断裂带中常见碎裂岩包裹糜棱岩，甚至碎裂岩包裹碎裂岩现象，如断层角砾岩包裹碎斑岩、碎斑岩包裹碎粒岩，即“砾包砾”现象，显示断裂的多期活动特征。

1. 断层角砾岩

断层角砾岩具砾状结构，角砾大于 2mm，碎基含量小于 30%。按角砾形态分为张性角砾岩、压性角砾岩。

（1）张性角砾岩：角砾碎块多呈棱角状，大小混杂，排列紊乱。胶结物为钙质、泥质、铁质、硅质，其本身破碎物亦可作为充填物。

（2）压性角砾岩：角砾碎块为扁豆状、次圆—浑圆状。角砾悬殊不大，碎基增多，次生胶结物相对少，且常具定向排列趋势。

2. 碎裂岩

碎裂岩具碎裂结构，位移不大，碎块间可大致拼接。碎块间充填物为泥质、铁质、硅质，含量小于 50%。

3. 碎斑岩

碎斑岩具碎斑结构，即由破裂作用产生的碎粒、碎粉物质包围残留碎斑，碎斑多于碎基。碎斑大都经位移、转动，但在不同程度上保存了原岩性质和结构。碎斑中常见边缘粒化及撕裂现象，还可见到变形纹、扭折带等塑性变形现象。

4. 碎粒岩

碎粒岩具碎粒结构，大部分矿物破碎为碎粒、碎粉，原岩结构难以辨认，碎斑较少，碎粒较少，且均匀趋于圆化，其中可见塑性变形现象。

第五节　地质构造

华南扬子克拉通前南华纪基底的形成及大地构造演化问题一直受到国内外地质学者的高度关注，但扬子克拉通内由于大部分地区被南华纪以来沉积覆盖，其前南华纪基底组成、结构及构造演化特征主要是依据深部地球物理资料和出露极少的前南华纪基底（如黄陵穹隆核部地区）研究推测分析得出的。一般认为，扬子克拉通内可能普遍存在前南华纪太古宙结晶基底，并由若干微型古陆核增生拼贴形成（花友仁等，1995；袁学诚等，1995；白瑾等，1996；Zheng et al，2006）。

近年来，随着扬子克拉通核部黄陵背斜南部中元古代末—新元古代早期 1.1～0.98Ga 庙湾蛇绿岩的发现识别（彭松柏等，2010；Peng et al，2012）、扬子克拉通内前南华纪基底深部隐伏新元古代，或古元古代俯冲带的发现（董树文等，2012；Dong et al，2013）以及黄陵背斜北部前南华基底古元古代（2.0～1.95Ga）高压麻粒岩相构造变质事件与 1.86～1.85Ga 裂解岩浆作用事件（凌文黎等，2000；熊庆等，2008；彭敏等，2009；Peng et al，2011；Yin et al，2013）的确认，表明扬子克拉通前南华纪基底不仅存在新元古代俯冲-碰撞造山的地质记录（Zhang et al，2009；Qiu et al，2011；Peng et al，2012；Wei et al，2012；Bader et al，2013），而且存在古元古代俯冲-碰撞造山与裂解作用的重要记录。这些新发现和新成果表明，扬子前南华纪克拉通基底是由若干古地块或地体经多期俯冲-碰撞造山拼贴增生形成的，而且最早的俯冲-碰撞造山作用至少可追溯到古元古代。

扬子克拉通黄陵地区的区域构造演化大体可划分为：前南华纪基底与盖层演化两大构造演化阶段，而且前南华纪基底经历了两期重要俯冲-碰撞造山拼贴，其中新元古代晚期的俯冲-碰撞造山拼贴最终形成扬子克拉通基底的基本轮廓并进入稳定沉积盖层构造演化阶段，晚中生代开始受太平洋板块俯冲与青藏高原隆升影响以陆内挤压-伸展构造为特征。现将不同地质构造演化阶段的主要地质构造特征简述如下。

一、太古宙花岗片麻岩韧性变形构造

太古宙花岗片麻岩（TTG）主要分布于黄陵穹隆北部地区，以中深层韧性剪切流变为特征，与上覆地层具有明显不同的变形变质特点。近东西向塑流褶皱构造发育，岩石普遍遭受角闪岩相区域变质作用，同时伴随区域性构造面理、片麻理的形成。主要表现如下。

（1）太古宙花岗质片麻岩（即 TTG 片麻岩）中普遍发育透入性韧性剪切片麻理、构造片麻理面，长英质或花岗质脉体常形成剪切非对称褶皱，两翼紧闭（图 2－15）。由于后期构造改造，该期面理常发生变形变位，恢复其原始产状为 200°～240°∠30°～50°。由于强烈的剪切拉伸，部分褶皱被拉断，常形成转折端显著加厚的无根褶皱。东冲河片麻杂岩中的斜长角闪岩包体或脉体常形成构造透镜体和石香肠构造，透镜体长轴方向与片麻理平行一致。

（2）太古宙花岗质片麻岩（TTG）中韧性剪切面理、构造片麻理面常发育有部分熔融形成的长英质脉体，脉体常平行于新生面理断续发育，与暗色矿物组成的条纹相间排列，构成条纹状、条带状构造，宽一般几毫米至几厘米不等。脉体在韧性剪切变形过程中常形成无根褶皱、石香肠或构造透镜体。片麻理表现为角闪石、黑云母的定向排列。该期构造面理由于后期构

图 2-15 水月寺镇南东太古宙 TTG 花岗片麻岩野外照片
（韩庆森 摄）

造的改造而发生变形或被置换，仅在弱应变域中有少量残留。

总之，该期韧性剪切构造面理、片麻理可能主要发生在太古宙，为地壳在高地温梯度背景下塑性变形的产物，受后期构造叠加、改造，该期构造形迹仅在弱应变域中残留。

二、古元古代造山混杂岩带构造

古元古代造山带构造主要记录于黄陵穹隆北部的黄凉河岩组、力耳坪岩组等，包括与造山作用相关的一系列构造变形：韧性剪切带、北北东—北东向褶皱、北东向片麻理及晚期造山后伸展滑脱构造。

近年来，对扬子克拉通内黄陵背斜北部水月寺、雾渡河、巴山寺、殷家坪一带前南华纪基底进行的野外地质调查和研究表明，其从西向东可划分为 3 个不同地质构造单元：西部水月寺微陆块、东部巴山寺微陆块，以及其间的崆岭变质杂岩系，即古元古代崆岭混杂岩带。西部水月寺微陆块主要由中太古代（2.95～2.90Ga）的东冲河 TTG 片麻岩（高山等，1990，2001；Qiu et al，2000；Zhang et al，2006；魏君奇等，2009）以及分布于其中大小不等的中太古代（3.05～3.0 Ga）斜长角闪岩包体组成（富公勤等，1993；魏君奇等，2012，2013）。东部巴山寺微陆块主要由古元古代（2.33～2.17Ga）的花岗片麻杂岩（黑云斜长花岗质片麻岩、黑云二长花岗质片麻岩等），以及其中发育的斜长角闪岩、黑云斜长片麻岩等包体组成（姜继圣，1986；李福喜，1987）。新的研究表明，巴山寺微陆块不仅存在古元古代（2.33～2.17Ga）的花岗片麻岩，而且还存在新太古代（2.7～2.6Ga）的 A 型花岗片麻岩（Chen et al，2013），以及华南目前最老的古太古代（3.45～3.30Ga）的 TTG 片麻岩（Guo et al，2014）。

因此，黄陵穹隆北部地区的东部巴山寺微陆块主体无论是形成于古元古代、新太古代，还是古太古代，其与西部中太古代水月寺微陆块的形成时代和演化历史明显不同，这也表明西部水月寺微陆块与东部巴山寺微陆块之间应存在一条连接两者的碰撞造山拼贴带，即古元古代俯冲-碰撞造山形成的崆岭混杂岩带，但造山混杂岩带中岩块（岩片）与基质结构组成、时空分布，以及成因演化特征尚待进一步深入研究。

(一)韧性剪切变形构造

研究区内几个重要的岩性分界面是这期韧性剪切带发育的基础，如黄凉河岩组与东冲河片麻杂岩之间的分界面、黄凉河岩组与力耳坪岩组之间的分界面，其在黄凉河岩组和力耳坪岩组内部亦较为发育。韧性剪切变形构造以原生层理或能干性差异较大的岩性分界面为变形面，主要表现为以韧性剪切变形带，以及大量发育的剪切无根褶皱、黏滞型石香肠和构造透镜体为特征。

研究表明，黄凉河林场一带，黄凉河岩组与东冲河片麻杂岩的接触面呈半环状，片麻理向南东(外)倾斜。沿接触面还发育宽约7m的近东西向韧性剪切带，由宽约3m的初糜岩带和宽约4m的剪切褶皱带组成，发育花岗质、黑云斜长质糜棱岩，拉伸线理和旋转碎斑显示早期右行顺层推覆和晚期右行顺层滑覆(图2-16)。黄凉河岩组与东冲河片麻杂岩接触面发育的顺层韧性剪切带成型于古元古代末，可能为近水平滑脱型，后受圈椅埫花岗岩浆底辟上侵改造而产状陡立(熊成云等，2004)。

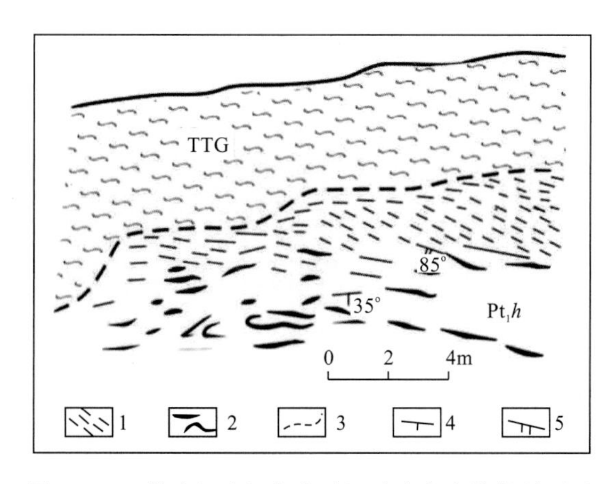

图2-16　黄凉河岩组与东冲河片麻杂岩接触关系图

(据熊成云等，2004)

1.糜棱岩带；2.长英质条带；3.岩性界线；4.片麻理产状；5.糜棱面理产状

黄凉河岩组和力耳坪岩组中还广泛发育石香肠构造、构造透镜体、斜长石旋转残斑和“S-C”组构等，多产于顺层韧性剪切带之中，表明岩石遭受较强烈的垂向压扁作用(图2-17、图2-18)。宏观上在黄陵基底二廊庙、覃家河等地，见大量的大理岩构造透镜体，透镜体长轴方向与片麻理平行，区域上断续分布，经历过强烈的构造置换，总体显示地层展布方向为北北东—北东向。

(二)透入性片麻理构造

黄陵穹隆北部地区的变质岩系广泛发育一组北东向的透入性新生片麻(片)理(130°～180°∠40°)，其与韧性剪切带同步形成。黄凉河岩组和力耳坪岩组中的构造变形面理主要是沿原生层理(S_0)面发育而成，表现为片麻岩、大理岩和斜长角闪岩之间明显的岩性界面，而在单一的岩性层内部，它已被强烈发育的韧性构造片麻理(或片理)所置换(图2-19)。片麻理广泛发育于黑云斜长片麻岩、斜长角闪片麻岩、二云斜长片麻岩等岩石中，由斜长石、角闪石、黑云母和石英等矿物的平行定向排列组成，外貌呈条带状，而片理主要发育于大理岩和斜长角闪岩中，由方解石或角闪石等矿物的平行定向排列组成，形成条纹状或纹带状构造。

图 2-17　雾渡河—殷家坪公路剖面 TTG 片麻岩中发育的构造变形体，岩石长英质与暗色矿物呈条带状分布，长英质变形体具左旋特征(韩庆森　摄)

图 2-18　雾渡河—殷家坪公路剖面 TTG 片麻岩受韧性剪切作用形成的构造变形体，具左旋特征(韩庆森　摄)

区域性片麻理受后期韧性剪切带的影响，在雾渡河断裂带以北，面状构造走向由北向南(殷家坪—二郎庙—马粮坪)，由北东向过渡为北东东向、近东西向，甚至是北西向，形成向南东凸起的弧形构造，面理倾角一般小于 50°。而雾渡河断裂带以南，面理走向为近东西向—北西西向，面理倾角变化较大，一般大于 50°，这可能是新元古代黄陵花岗岩岩基底辟侵位与该期构造变形共同作用的结果。

图 2-19　雾渡河—殷家坪公路剖面条带状含石榴黑云斜长片麻岩，片麻理走向为 NE 向，条带一般宽约数毫米至数厘米(韩庆森　摄)

(三)北北东—北东向褶皱构造

黄陵穹隆北部高级变质岩区雾渡河—殷家坪段地质剖面上露头尺度北北东—北东向褶皱较为常见。在区域尺度上，北东向褶皱包括圈椅埫穹状复背形、巴山寺复向形、白竹坪背形构造。熊成云等(2004)曾以 SE120°方向为切面作地质构造剖面图(图 2-20)。圈椅埫穹状复背形轴向 NE30°，是利用改造圈椅埫穹隆的产物，向南东倾伏，南东翼次级褶皱发育。后二者均向北西方向倒转，巴山寺复向形构造形迹呈 NE25°的 S 形，由巴山寺、横登向形及官庙背形组成，NW 翼可见三期叠加褶皱；白竹坪背形轴迹为 NE25°～30°，轴部基本被巴山寺片麻杂岩侵位占据。

(四)伸展变形构造

1. 基性辉绿岩墙(岩脉)

黄陵穹隆北部变质基底中常见基性辉绿岩脉呈岩墙产出，辉绿岩岩脉走向以北北西向、北

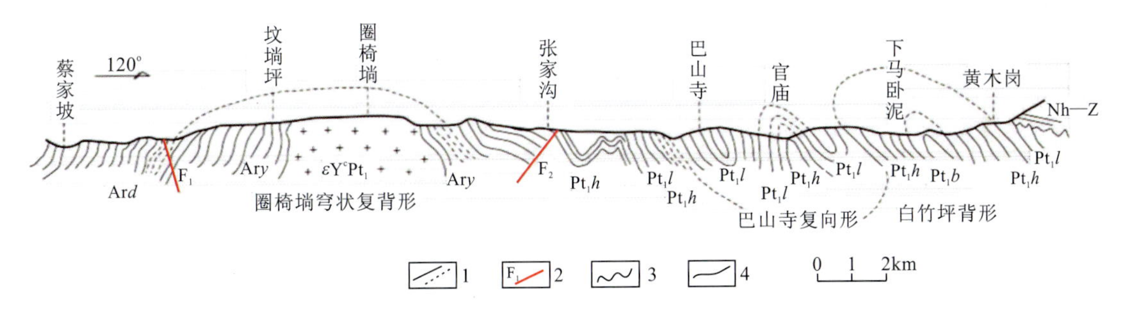

图 2-20　黄陵穹隆核部构造剖面示意图(据熊成云等,2004)

1. 韧性剪切带;2. 断裂;3. 角度不整合;4. 地质体界线;Ary、Ard. 太古宇野马洞岩组、东冲河片麻杂岩;Pt_1l、Pt_1h. 古元古代力耳坪岩组、黄凉河岩组;Pt_1b. 巴册寺片麻杂岩;$\varepsilon\gamma Pt_1$. 圈椅埫钾长花岗岩超单元

东向为主,倾角接近于 90°,其与围岩呈明显侵入关系,边部偶见冷凝边。部分岩脉中含有片麻岩围岩包体(图 2-21)。这些基性岩脉宽 0.4～3m,少数在 10m 以上,岩性主要为辉绿岩或辉长岩,无明显变质变形特征。大部分辉绿岩脉受后期构造作用,发育两组相互近垂直的节理,致使岩体破碎不堪(图 2-22)。根据野外测得的 40 条基性岩脉产状的统计分析,发现主要有两组优选方位:北西 330°～340°、北东 40°～50°。大量发育的基性岩脉反映其形成于伸展构造环境。

图 2-21　坦荡河附近多条辉绿岩脉侵入到片麻岩中,含有透镜状片麻岩包体(韩庆森　摄)

图 2-22　龚家河附近辉绿岩脉侵入到片麻岩中,含片麻岩包体(韩庆森　摄)

2. 伸展滑脱构造

黄陵穹隆北部沿雾渡河—殷家坪公路剖面的花岗片麻杂岩中常见有大量的低角度顺层滑脱构造。野外构造形迹显现“Z”字形特征,为露头尺度的伸展拆离(图 2-23、图 2-24)。结合前人研究,其可能为圈椅埫花岗岩复合穹隆构造在造山后地壳隆升伸展作用体制下的产物。圈椅埫穹隆可能是太古宙野马洞-东冲河片麻穹隆、圈椅埫叠加褶皱隆起、圈椅埫钾长花岗岩穹隆三者复合叠加的综合产物。

图 2-23 雾殷公路坦荡河附近，TTG 片麻岩中发育的一系列近东西向的滑脱构造，产状较陡立，具正断性质（韩庆森 摄）

图 2-24 雾殷公路坦荡河附近，黑云斜长片麻岩中发育的“Z”字形滑脱构造，左侧有近直立的辉绿岩脉侵入（韩庆森 摄）

三、中—新元古代蛇绿混杂岩带构造

黄陵穹隆地区的中—新元古代蛇绿混杂岩带以分布于太平溪、邓村之间的庙湾蛇绿混杂岩为代表。这套蛇绿混杂岩经历了强烈韧性和脆性变形变质作用，叠加褶皱发育。蛇绿混杂岩总体走向呈北西西向，倾角近直立，倾向总体以向北倾斜为主，呈平行带状产出（图 2-25）。

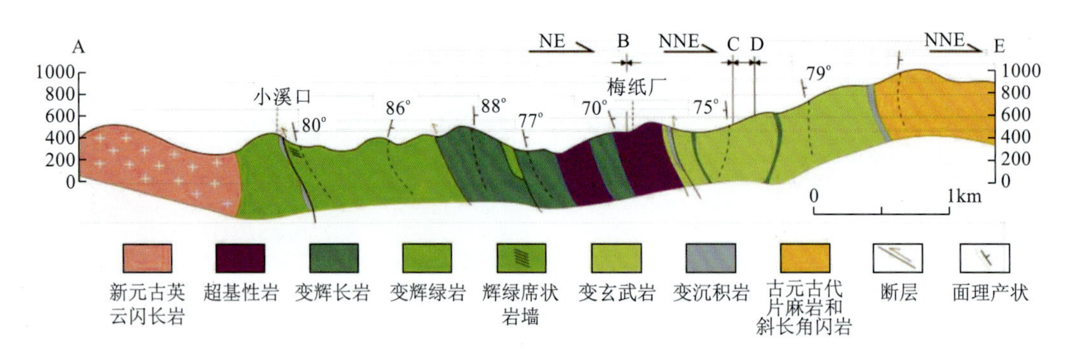

图 2-25 黄陵穹隆南部庙湾蛇绿岩地质剖面（据彭松柏等，2010；Peng et al，2012 修编）

（一）韧性剪切变形构造

韧性剪切变形构造主要出露于梅纸厂和茅垭一带，其与区域性的片（麻）理一起构成庙湾蛇绿混杂岩的早期变形特征，使混杂岩带内各岩石单元遭受了高角闪岩相区域变形变质作用。早期经历韧性剪切变形的蛇纹岩、蛇纹石化橄榄岩、方辉橄榄岩，后期又遭受伸展构造作用的改造形成破碎带，以及蛇纹石化橄榄岩、方辉橄榄岩透镜体（图 2-26）。构造破碎带产状测量统计显示，其优选方位为 65°∠75°。早期韧性剪切作用使层状玄武岩中形成大量构造分异脉体，以及新生透入性面理（图 2-27）。这些透入性的韧性变形面理主要表现为角闪石（辉石退变形成）和斜长石的定向排列，韧性变形面理产状优选方位为 47°∠79°。

图 2-26 梅纸厂变超基性岩破碎带
（蒋幸福 摄）

图 2-27 梅纸厂北变玄武岩早期透入性面理构造
（蒋幸福 摄）

（二）变辉绿-辉长岩侵入构造

岩浆侵入构造主要出露于小溪口漫水桥、院子坟和古村坪一带，野外清楚可见变辉绿岩与变辉长岩的侵入接触关系，后期构造变形改造微弱，但局部发生角闪岩相退变质。图 2-28 为变辉绿岩侵入变辉长岩接触关系，图 2-29 展示变辉绿岩侵入变辉长岩中，边部由于温度骤降而导致结晶时间较短，辉石（大多已退变为角闪石）和斜长石等矿物粒度较小，远离两者接触带的变辉绿岩结晶颗粒较粗。

图 2-28 小溪口漫水桥变辉绿岩侵入变辉长岩构造
（蒋幸福 摄）

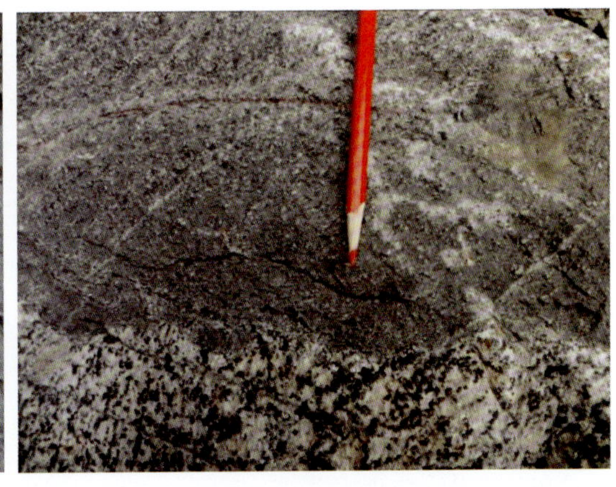

图 2-29 小溪口漫水桥变辉绿岩发育冷凝边结构
（韩庆森 摄）

（三）变辉绿岩席状岩墙

变辉绿岩席状岩墙仅见于小溪口一带，长度约 450m，岩脉宽度从几厘米至几米不等，但大多数宽 30～50cm。岩性主要为变辉绿岩，其次为变辉长岩、变斜长花岗岩。岩墙走向为北西西向，倾角 70°～80°，经历了强变形作用和变质作用，变质程度达角闪岩相。席状岩墙中辉绿岩脉大多具双向冷凝边结构，少量还可见有单向冷凝边(图2-30、图2-31)，这也是形成于洋底扩张环境的重要证据(邓浩等，2012)。

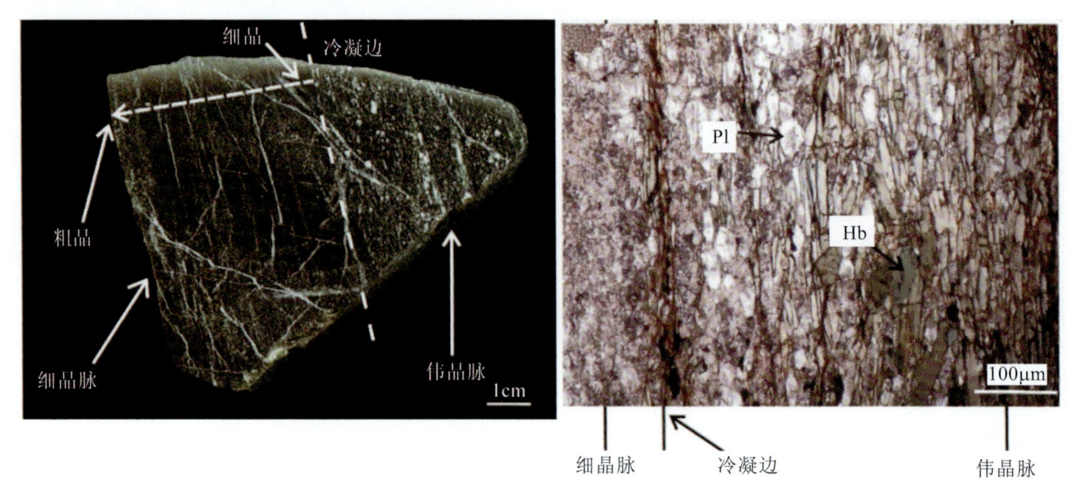

图2-30 小溪口变辉绿岩单向冷凝边结构(据邓浩等，2012)

图2-31 小溪口变辉绿岩单向冷凝边结构(单偏光)(据邓浩等，2012)

(四)逆冲断层构造

该构造主要出露于小溪口一带，位于庙湾蛇绿混杂岩南侧，主要发育在云母片岩和变质砂岩中。断层总体走向为北西西向，倾角普遍大于60°(图2-32)。断层接触面发育的"阶步"构造和牵引构造显示其为逆冲断层。断层带内及附近岩石蚀变强烈，主要表现为绿帘石化和云母片化。断层两侧岩层可见次级褶皱变形、节理和顺层片理化等构造变形现象。

图2-32 小溪口高角度逆冲剪切断层

(五)中—新生代伸展变质核杂岩构造

黄陵穹隆轴向北北东向，长短轴之比约2∶1，周缘被仙女山断裂、天阳坪断裂、通城河断裂和新华断裂围限。从区域上看，黄陵穹隆东西两侧分别是荆门-当阳盆地与秭归盆地，其与周缘盆地构成明显的隆起-坳陷构造。江麟生等(2002)认为黄陵穹隆基底和沉积盖层的变形具有变质核杂岩的特点。野外观察和构造几何学的分析研究表明，黄陵穹隆的两翼西陡东缓，构成不对称短轴背斜的穹隆构造，详见图 2-33（王军等，2010；Ji et al，2013）。

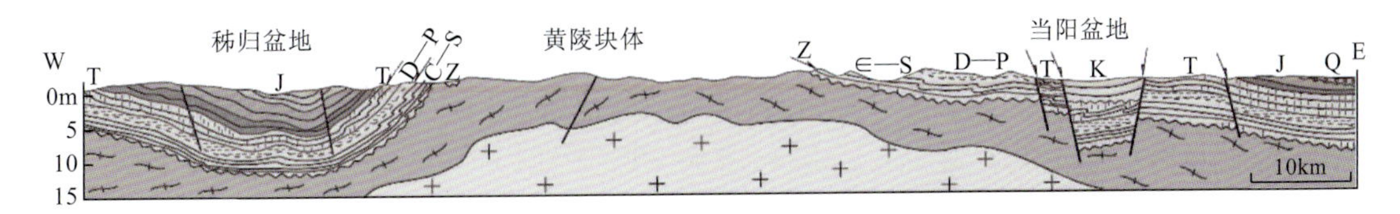

图 2-33　黄陵穹隆构造剖面图（据 Ji et al，2013）

关于黄陵穹隆构造形成的时间历来就有争议，一些研究者认为穹隆构造在新元古代就已经成形，抑或是早古生代、早中生代及晚中生代成形（江麟生等，2002；李益龙等，2007）。但近年来的野外观察研究表明，黄陵穹隆西部的晚侏罗世地层明显地卷入了变形，同样穹隆西南和东南两翼发育的早白垩世沉积盆地明显不整合于现今观察到的黄陵穹隆之上，而且大量热年代学的研究也显示，黄陵穹隆的隆升主要发生在 160～110Ma 之间（沈传波等，2009；刘海军等，2009；Ji et al，2013），并且新生代时期黄陵穹隆仍处于隆升阶段（郑月蓉等，2010；肖虹等，2010）。因此，黄陵穹隆构造主要形成于晚侏罗世—白垩纪之间，这也与中国东部中—新生代岩石圈伸展减薄的构造动力学背景是一致的。

此外，黄陵穹隆的中—新生代伸展构造盖层岩石变形总体以顺层滑脱褶皱、拉断碎裂透镜体、高角度正断层发育为特征，局部伴生有小规模的滑覆逆冲断层。而且在早三叠世薄层灰岩、志留纪龙马溪组页岩、奥陶纪灰岩、寒武纪碳质灰岩，特别是震旦纪陡山沱组薄层灰岩中广泛发育伸展拉断形成的岩石构造透镜体，具有垂向缩短伸展重力滑脱的明显特征（图 2-34、图 2-35）。因此，黄陵穹隆主要是中—新生代发育形成的伸展构造，也可称之为伸展变质核杂岩构造（江麟生等，2002；Davis G A 和郑亚东，2002；肖虹等，2010）。

图 2-34　黄陵穹隆北东翼陡山沱组黑色硅质泥页岩中伸展滑脱变形拉断的透镜状硅质岩（彭松柏　摄）

图 2-35　黄陵穹隆南西翼九曲垴陡山沱组中顺层伸展滑脱形成的泥质白云岩碎裂透镜体（彭松柏　摄）

（六）主要大型韧-脆性断裂构造

断裂构造在黄陵穹隆核部及周缘地区广泛发育，包括韧性剪切带和脆性断裂等，主要有近东西向、北西向和北东向 3 组断裂带，但以北西向韧-脆性断裂带最为突出。近东西向韧性剪切带主要有核北部水月寺-白竹坪等断裂带，以推-滑覆为特征，一般先推后滑。北东向韧性剪切带规模较小，以走滑兼逆冲为特点。北西向韧-脆性剪切断裂带最为发育，以雾渡河、板仓河、邓村—小溪口韧-脆性断裂带为代表，而且晚期脆性断裂活动都是叠加在早期韧性剪切活动带的基础上，一般先左行逆冲，后右行下滑，具有活动周期长和多期次构造叠加的特点，也是区内主要金矿控矿构造(熊成云等，1998)，基本特征简述如下。

1. 北北西向仙女山断裂带

仙女山断裂带位于黄陵穹隆西南，几乎斜切了测区内各主要东西向褶皱。为一系列羽状排列的断层组成的断裂带。长 80km，总体走向 NW20°，倾向南西，倾角 40°～60°，切穿古生代—白垩纪地层(图 2-36)，局部地区可见古生代地层逆冲推覆于白垩纪地层之上。断裂带挤压现象明显，断层角砾岩发育，角砾成棱角状，大小混杂，一般为 1～5cm，具张性角砾岩性质，其间也穿插有挤压性质的糜棱岩带和构造透镜体。带内方解石细脉纵横交错，断面擦痕发育，多呈水平，少数倾角在 10°左右。断层两旁地层错动，可见大量牵引构造。

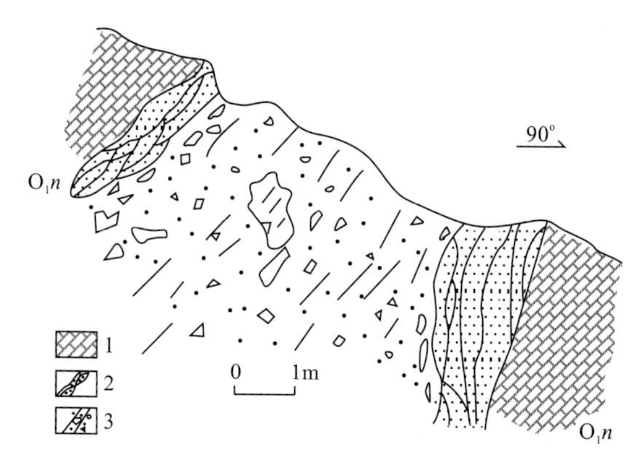

图 2-36　仙女山断裂构造剖面图(据王辉，金红林，2010)

1. 南津关组灰岩；2. 挤压透镜体；3. 破碎带

断裂活动性明显，沿断裂，负地形呈线状排列，断层带内可见尚未胶结的断层泥与断层角砾，两侧河谷变化明显，现代崩塌、滑坡发育，比较著名的有 1985 年新滩巨型复式滑坡。沿断裂大震不多，微震不断，但由于地质情况复杂，导致该断裂沿线各种地质灾害十分发育。

2. 近南北向九畹溪断裂带

九畹溪断裂带位于黄陵穹隆西侧，总体走向 NNE 向，西南端与仙女山断裂结合，可能为仙女山断裂派生构造，出露长度在 15km 左右。展布方向 NE 20°，倾向以西为主，倾角陡立，大多为 70°以上，局部地区可见断裂面近于直立，地表可见其切穿第四纪中晚期全新世地层。断裂具有一定的活动性，沿断裂带，负地貌发育，两侧水系明显变化，具有一定程度的微震活动，地表变形监测显示该断裂带存在差异性活动。

3. 北西向板仓河断裂带

板仓河断裂带为区域性大断裂，总体走向 NW310°左右，自上牵羊河，经板仓河至洪家坪，沿北西、南东两端延伸出测区，长 16.95km。断层面主体为倾向北东—北北东，倾角 60°～78°，在板仓河、孙家河一带断面倾向南西，倾角 50°～70°。断层破碎带宽一般小于 30m。局部达

55m，变质基底区主要由不同期次碎粉岩、碎粒岩、碎斑岩、断层（角）砾岩、碎裂花岗岩、碎裂闪长岩等组成，且大多呈构造透镜体产出，断层（角）砾成分可见花岗质糜棱岩、糜棱岩化花岗岩，断层带及其两侧的劈理带发育，产状与断层近于一致。盖层区断层破碎带早期发育大量韧性剪切构造透镜体，透镜体由灰质构造砾岩构成，晚期发育构造角砾岩，也显示出早期韧性剪切挤压，晚期脆性拉张继承性构造活动的特征。

4. 北西向雾渡河断裂带

雾渡河断裂带为区域性大断裂，走向 NW 320°～330°，穿切实习区北部，沿观音堂—雾渡河—花庙一带展布，出露长 37km，分别沿北西、南东方向延伸进入沉积盖层。断层主要穿切变质岩系，部分区段穿切岔路口超单元和震旦纪地层。区域上断层总体倾向以北东向为主，基底区以倾向南西为主，倾角一般 62°～87°，断裂破碎带在前寒武纪基底区宽大于 50m，主要由不同期次碎粉岩、碎粒岩、碎斑岩、糜棱质断层砾岩及断层角砾岩组成，盖层区破碎带宽约 10～20m，主要由断层角砾岩、碎粉岩等组成，是一条大型的典型韧-脆性长期活动断裂带。

该断层破碎带常见一系列大致平行的次级断裂面、劈理面，或平直或呈舒缓波状，具多期活动特征。早期属韧性剪切变形断裂带，晚期以脆性变形活动为特征，其中脆性变形活动的早中期以逆冲—平移为主，晚期为平移正断层。基底区断层破碎带具硅化、帘石化、褐铁矿化、黄铁矿化、Pb、Zn 矿化等，常见后期辉绿（玢）岩脉、闪长（玢）岩脉、花岗岩脉、黑云二长花岗岩脉沿破碎带分布。断层两侧区域性片理走向不同，常见红色花岗质脉体顺围岩片理分布，说明该断层至少形成于新元古代早中期。

该断裂带也是本区金、辉钼矿、磁铁矿、稀有放射性矿产重要的导矿、控矿构造，其中黄铁矿化与其中晚期张扭性活动密切相关，金矿主要产于断层带旁侧的北北西向—北西向次级断裂带中。显生宙燕山期具继承性脆性断裂活动，切入盖层。该断层在航片上呈一线性影像，地貌多表现为负地形（垭口、平直的水沟等），且观音堂—茅坪河—岔路口一带断层三角面十分发育，根据 1∶20 万区调资料等，该断层晚期脆性活动切割白垩系，说明其活动时间至少一直持续到白垩纪之后。

（七）区域地质构造演化

黄陵穹隆地处扬子克拉通核部地区，出露了华南最古老的太古宙片麻杂岩（TTG）及古元古代角闪岩-麻粒岩相高级变质杂岩系，是研究扬子克拉通前南华纪早期地质构造演化、前寒武纪哥伦比亚（Columbia）、罗迪尼亚（Rodinia）超大陆聚合与裂解的重要窗口，记录了多期重要俯冲/增生碰撞造山拼贴事件。特别是，黄陵穹隆核部结晶基底前南华纪变质岩浆杂岩系，比较完整地记录和保存了太古宙古陆壳的生长、古元古代俯冲-碰撞造山（高压麻粒岩等）、中—新元古代俯冲-碰撞造山和裂解（蛇绿岩、花岗杂岩等），以及中—新生代黄陵穹隆隆升伸展减薄（变质核杂岩构造）等重要地质作用事件的重要证据。黄陵地区的区域地质构造演化大体可划分为：基底和盖层两大重要构造演化阶段，现简述如下。

1. 基底构造演化阶段

1）太古宙古陆核（微陆块）形成

扬子克拉通黄陵穹隆核部太古宙陆壳以花岗-绿岩地体古陆核（微陆块）的形成为特点，太古宙东冲河花岗片麻岩系（TTG）、野马洞岩组斜长角闪岩是其主要物质记录。太古宙花岗片麻岩（TTG）的侵位时代为 3450～2900Ma（高山等，1990；Gao et al，2011），是早期陆壳形成演化和生长的重要产物。

2)古元古代俯冲/增生碰撞造山拼合

古元古代早期，黄陵穹隆北部以形成于大陆边缘沉积组合：石英岩、铁质岩和片岩组成的苏必利尔型铁建造(BIFs)，成熟度较高的陆源碎屑黏土岩，粉砂岩夹碳酸盐岩、硅质岩、含碳质泥岩及碎屑碳酸盐岩建造(即孔兹岩系建造)为特征，火山作用微弱。古元古代晚期，黄陵穹隆北部地区进入俯冲-碰撞造山构造演化阶段，以形成2.0～1.95Ga的北北东—北东向角闪岩相-麻粒岩相构造变质带和后造山伸展体制下的A型花岗岩、次火山岩-火山岩、基性岩脉(约1.85Ga)为特征，显示黄陵穹隆北部地区在2.0～1.85Ga发生了一次重要的从俯冲-碰撞造山到造山后伸展垮塌的构造地质作用事件，这可能与全球哥伦比亚超大陆聚合及裂解作用事件有关(凌文黎，1998；Zhang et al，2006b；Wu et al，2009；Cen et al，2012；Yin et al，2013；熊庆等，2008；Peng et al，2012)。

3)中—新元古代俯冲-碰撞造山拼合

黄陵穹隆南部中—新元古代庙湾蛇绿混杂岩(1100～974Ma)的发现，表明扬子克拉通基底是由不同性质地块或地体经新元古代俯冲-碰撞拼合造山(即格林威尔运动)才最终固结形成扬子克拉通基底基本轮廓(彭松柏等，2010；Peng et al，2012)。新元古代早期(960～870Ma)神农架岛弧与扬子陆块发生俯冲-碰撞造山拼贴，并导致庙湾蛇绿混杂岩的构造侵位。新元古代晚期(860～790Ma)俯冲-碰撞造山伸展垮塌构造环境形成埃达克质/岛弧火山质花岗岩——即黄陵花岗杂岩体(Zhang et al，2008；Wei et al，2012；Zhao et al，2013)。大约在790Ma，扬子克拉通及本区基底构造演化阶段结束，构造运动以差异升降为主，开始进入稳定盖层沉积演化阶段。

2.盖层构造演化阶段

1)南华纪—早中生代海相稳定沉积

扬子克拉通该时期在隆升剥蚀的基础上沉积了一套曲流河-河口三角洲分支河道陆源碎屑沉积物，随后沉积了南沱期大陆冰川沉积物，这也是全球“雪球地球事件”的重要地质记录。陡山沱期之后开始连续沉积了一套盆地边缘相至局限海台地相黑色页岩、碳酸盐岩沉积为主的稳定克拉通海相沉积盖层，直到早中生代晚三叠世受印支期运动影响开始出现构造抬升(沈传波等，2009)。

2)晚中生代—新生代陆内挤压-伸展变形

晚中生代以来黄陵穹隆及周缘地区进入陆内挤压-伸展构造演化期，印支期—燕山早期运动的挤压变形以盖层中隔挡式与隔槽式褶皱的发育为特征，白垩世燕山晚期以来岩石圈受强烈伸展减薄构造作用的影响，发生强烈构造隆升作用形成黄陵穹隆的基本雏形，在盖层沉积地层中形成平卧滑脱褶皱、高角度伸展脆性正断层，盖层沉积地层与基底接触带则发育有低角度顺层滑脱劈理、韧性剪切断层(沈传波等，2009；刘海军等，2009；Ji et al，2013)，并伴有岩浆热液成矿活动，奠定了黄陵穹隆变质核杂岩构造的基本轮廓。

中国东部及黄陵穹隆地区新生代主要受喜马拉雅期青藏高原隆升和太平洋板块俯冲作用的控制和影响，主要表现为挤压-伸展构造体制联合作用下的间歇性构造隆升(陈文等，2006；李海兵等，2008；郑月蓉等，2010；葛肖虹等，2010)，长江三峡地区河流下切侵蚀作用强烈，形成多级河流阶地、山高谷深、坡陡崖悬和岩溶发育的地形地貌景观，以及频发的滑坡、岩崩地质灾害(谢明，1990；李长安等，1999)。

第三章　野外地质教学路线

路线一　中—新元古代变基性-超基性岩、变沉积岩系（庙湾蛇绿杂岩）地质观察

一、教学路线

基地—龙咀子—梅纸厂—小溪口—基地

二、教学任务及要点

（1）介绍蛇绿岩基本概念及岩石单元组成，对比介绍中—新元古代庙湾蛇绿杂岩基本组成、形成时代及构造变形变质演化特征。

（2）观察描述中—新元古代庙湾蛇绿杂岩各岩石单元特征。

（3）观察描述早期细粒斜长角闪岩（变玄武岩）、变沉积岩岩性特征，并对其中发育的韧变形面理、线理、节理和褶皱构造进行素描。

（4）观察识别晚期变辉绿岩与变辉长岩之间的侵入、穿插关系及标志，并对其接触关系进行素描。

（5）观察识别发育于变基性-超基性岩中早期韧性面理、线理，以及晚期脆性断裂破碎带的性质，并根据其伴生次级构造判断断裂运动方向和力学性质。

三、路线内容及观察点

（一）太-红公路龙咀子大桥旁细粒斜长角闪片岩（变玄武岩）观察点

该处为庙湾蛇绿杂岩中强变形细粒斜长角闪片岩（变玄武岩）观察点（图3-1、图3-2）。主要观察描述内容：观察描述细粒斜长角闪岩的岩性、粒度、颜色、结构、构造等特征，测量面理、线理产状，根据野外岩石观察基本特征初步恢复可能的原岩；观察细粒斜长角闪岩中发育的线理和面理特征，并判断线理类型；观察描述和识别强变形枕状玄武岩特征。

（二）太-红公路17km旁细粒斜长角闪片岩（变玄武岩）与韧性变形中—细粒斜长角闪岩（变辉长岩-辉绿岩）观察点

该处为庙湾蛇绿杂岩中强变形细粒斜长角闪片岩（变玄武岩）与韧性变形中—细粒斜长角闪岩（变辉长岩-辉绿岩）接触关系分界点（图3-3）。主要观察描述内容：观察描述变辉长岩、变辉绿岩的岩性、粒度、颜色、结构、构造特征，根据野外岩石观察基本特征初步恢复可能的原岩；观察变辉长岩、变辉绿岩（中—细粒斜长角闪岩）中发育的线理和面理特征，

图 3-1　龙咀子大桥强变形面理、线理发育的细粒斜长角闪片岩(变玄武岩)

图 3-2　龙咀子大桥强变形枕状玄武岩(滚石)

根据矿物"σ""δ"旋转残斑，判断剪切运动方向；观察两者之间的地质接触关系和标志，判断其形成先后顺序。

变辉长岩

变辉绿岩

图 3-3　太-红公路 17km 旁强烈韧性变形中—细粒斜长角闪岩

(三)太-红公路梅纸厂变超镁铁岩(蛇纹石化橄榄岩)采石场

该处为蛇纹石化橄榄岩(蛇纹岩、蛇纹石化纯橄岩、辉橄岩、堆晶橄辉岩)早期透入性韧性变形面理、晚期脆性构造断裂破碎带、铬铁矿观察点(图 3-4～图 3-7)。主要观察描述内容：观察描述变超镁铁岩岩石类型、变形特征、不同类型变超镁铁岩(蛇纹石化纯橄岩、辉橄岩、堆晶橄辉岩)中铬铁矿含矿性变化特征；晚期脆性断裂破碎带运动学特征，并对变超镁铁岩的构造变形顺序进行初步解析。

(四)太-红公路漫水桥公路旁

该处为晚期变辉长岩、变辉绿岩(图 3-8、图 3-9)互相穿插关系的观察点。主要观察描述内容：观察描述和识别变辉长岩、变辉绿岩的颜色、岩性、粒度、结构、构造特征；观察变辉长岩、变辉绿岩的结构构造、穿插接触关系、边界特征，判断其形成先后顺序。

图 3-4　梅纸厂蛇纹石化方辉橄榄岩中发育的透入性面理

图 3-5　梅纸厂蛇纹石化纯橄岩(蛇纹岩)沿后期脆性裂隙形成的蛇纹石、石棉等纤维状矿物

图 3-6　梅纸厂晚期强烈挤压逆冲剪切变形蛇纹石化超镁铁岩

图 3-7　强烈韧性变形蛇纹石化纯橄岩中发育的条纹—条带状铬铁矿

图 3-8　漫水桥晚期变辉长岩与变辉绿岩侵入穿插关系

图 3-9　漫水桥变辉绿岩侵入穿插变辉长岩形成中间粒度粗两边粒度细的侵入冷凝边结构

(五)太-红公路小溪口村委会老桥旁

该处主要出露变沉积岩系与细粒斜长角闪岩、变辉绿岩脉(岩墙)、花岗岩、斜长花岗岩岩脉接触关系分界点(图 3-10～图 3-13)。主要观察描述内容:观察描述和识别变辉绿岩的颜色、岩性、粒度、结构、构造特征;观察变辉绿岩与花岗岩、斜长花岗岩岩脉变形特征、互相穿插关系,判断其形成先后关系(图 3-10、图 3-11);观察描述和识别细粒斜长角闪岩、绿帘角闪岩(似枕状玄武岩)岩石特征(图 3-12);观察描述和识别沉积岩系的主要岩石类型特征(图 3-13),根据野外岩石观察基本特征初步恢复可能原岩类型,推测其可能的沉积环境。

图 3-10 小溪口老桥变辉绿岩脉(岩墙)群

图 3-11 小溪口老桥后期斜长花岗岩等岩脉侵入穿插切割变辉绿岩脉(岩墙)

图 3-12 小溪口老桥强变形绿帘角闪岩(似枕状玄武岩)

图 3-13 小溪口老桥强变形变质沉积岩系,主要岩性为变质砂岩、云母片岩、石英砂岩等

(六)蛇绿岩概念及背景介绍

蛇绿岩是消亡大洋岩石圈残片的重要证据,主要为由镁铁-超镁铁岩组成的一种特殊岩石组合,在板块构造演化中具有极为重要的意义。通常发育完成或经典蛇绿岩的岩石组合从底部向上包含以下岩石单元:①超镁铁杂岩:主要由不同比例的方辉橄榄岩、二辉橄榄岩和纯橄岩组成,通常存在不同程度的蛇纹石化现象;②辉石岩-辉长杂岩:一般具堆晶结构,通常包含

堆晶橄辉岩和辉石岩，比超镁铁杂岩变形程度弱；③镁铁质席状岩墙杂岩；④镁铁质火山杂岩，通常为枕状、层状玄武岩。此外，伴生的岩石类型还包括：①上覆沉积岩主要为条带状薄层泥质、硅质岩和少量灰岩；②与纯橄岩伴生的豆荚状铬铁矿；③斜长花岗岩等。

(七)庙湾蛇绿混杂岩研究背景简介

庙湾中—新元古代蛇绿杂岩主要分布于庙湾和小溪口一带，总体呈北西西向带状展布，与小以村岩组呈构造接触关系。变超镁铁岩连续出露的最大长度达 13km，宽度近 2～5km，其岩石单元以蛇纹岩、蛇纹石化纯橄岩、方辉橄榄岩、堆晶橄辉岩-辉石岩为主。变镁铁岩岩石单元以层状细粒斜长角闪岩(变玄武岩、变辉绿岩)为主，主要分布于变超镁铁岩北侧。晚期块状变辉长岩岩体、岩脉，以及变辉绿岩岩脉(岩墙)岩石单元，主要分布于超镁铁岩南侧。

此外，与变镁铁-超镁铁岩空间上紧密相伴的还有变沉积岩，主要为似层状、透镜状薄层条带状不纯大理岩(钙硅酸盐岩)、石英岩、黑云母片岩岩石单元。蛇纹石化超镁铁岩、变形变质层状、块状变辉长岩和似层状变玄武岩岩石单元之间呈构造接触，并被新元古代黄陵花岗岩侵入。

变镁铁-超镁铁岩均经历了强烈韧性和脆性变形变质作用的改造。变超镁铁岩早期的韧性构造变形面理走向北西西向，倾角近直立，倾向总体以向北倾斜为主，而晚期脆性变形断裂面产状变化较大。变镁铁岩总体呈带状出露，韧性变形强烈，叠加褶皱发育，产状变化复杂。总体构成一套呈北西西向展布的蛇绿混杂岩系。

四、教学进程及注意事项

(一)教学进程

(1)教师提前一天提醒学生预习路线相关内容。

(2)教师在剖面起点，简要介绍任务、目的和要求。时间约 5 分钟。

(3)教师在剖面起点，简要介绍秭归地区黄陵穹隆地区的岩浆岩类型。时间约 5 分钟。

(4)庙湾蛇绿杂岩中变辉绿岩与变辉长岩的接触关系观察点。时间约 40 分钟。

(5)变超基性岩蛇纹石化橄榄岩早期透入性韧性变形面理、晚期脆性构造断裂破碎带观察点。时间共约 60 分钟。

(6)变辉绿岩脉(墙)群、变沉积岩系观察点。时间共约 40 分钟。

(二)注意事项

(1)由于本路线路程较远，带饭带水。

(2)不要在危险处采集标本。

(3)路线处在公路边，注意交通安全。

五、专题研究及思考问题

(1)镁铁质岩主要有哪些成因类型？不同成因类型的基本特征和主要判别标志是什么？

(2)超镁铁岩主要有哪些成因类型？不同成因类型的基本特征和主要判别标志是什么？

(3)镁铁-超镁铁岩主要有哪些岩石组合类型？不同岩石组合类型的基本特征、形成构造环境和主要判别标志是什么？

(4)复理石沉积建造主要形成于哪些沉积构造环境？不同成因环境类型的基本特征和判别标志是什么？

路线二　新元古代黄陵花岗杂岩体、包体及多期岩脉穿插关系地质观察

一、教学路线

基地—下岸溪石料场—基地

二、教学任务及要点

(1)介绍新元古代黄陵花岗杂岩体形成的地质背景、岩体和复式岩体的划分、岩性特征及侵位先后序列。

(2)观察描述下岸溪内口岩体的岩性、包体特征(种类、大小与寄主岩体的关系)及多期岩脉穿插关系和标志,判断岩浆作用的先后顺序及期次,并对其野外结构特征进行素描。

(3)观察描述、识别和测量内口岩体中多组节理的分期配套特征,并进行优选方位的统计测量,判断其形成的构造应力场特征。

(4)观察描述下堡坪鹰子咀岩体岩性、包体特征,以及多期岩脉侵入接触关系,确定脉体侵位先后次序,并与内口单元岩性特征进行对比。

(5)观察不同花岗岩岩体之间的脉动侵入关系,描述花岗岩中的原生构造(流面、流线构造)。

三、路线内容及观察点

(一)下岸溪石料场

该点为三峡大坝大江截流所用石料的采石场遗址,场地十分开阔,也是内口中粗粒斑状花岗闪长岩(二长花岗岩)单元特征的典型观察点。主要观察描述内容:简要介绍黄陵杂岩体单元划分、岩性特征及侵位顺序;观察描述内口单元岩性特征(颜色、岩性、主要矿物组成)(图3-14);观察描述内口单元中不同岩性的暗色包体(如闪长质、黑云母石英闪长质包体等)及其形态特征(图3-15、图3-16);观察识别内口单元中粗粒斑状花岗闪长岩(二长花岗岩)与闪长

图3-14　下岸溪采石场内口单元(岩体)二长花岗岩概貌及发育的节理

图3-15　下岸溪采石场内口单元二长花岗岩中不同形态和成分暗色包体特征

玢岩之间侵入关系及标志，并对其进行素描(图 3－17)；观察识别发育于内口单元中的多组节理的分期配套特征，并对其优选方位统计测量，判别形成时构造应力性质和特征。

图 3－16 下岸溪采石场内口单元中粗粒斑状二长花岗岩(花岗闪长岩)中暗色包体

图 3－17 下岸溪采石场内口单元二长花岗岩(花岗闪长岩)中后期侵入的闪长玢岩

(二)雾下公路陈家大瓦屋

该露头位于新元古黄陵花岗岩岩基核部的孙家河谷中，地形陡峻，露头很好。主要观察描述内容：观察鹰子咀中粒花岗闪长岩单元岩性特征(图 3－18)，并与内口单元岩性特征作对比；观察描述鹰子咀中粒花岗闪长岩中多期次的岩脉侵入接触关系、产状(图 3－19)；观察不同期次岩脉侵入穿插关系、接触界面的特征，如烘烤边、冷凝边构造，确定脉体侵位形成的先后次序；观察不同花岗岩单元之间的脉动侵入关系；观察描述花岗岩中的原生构造(流面、流线)，并测量产状；观察描述内口单元中粒斑状花岗闪长岩中不同形态的包体，对典型包体进行素描。

图 3－18 雾下公路陈家大瓦屋内口单元中粒斑状黑云母花岗闪长岩脉侵入鹰子咀单元中粒花岗闪长岩

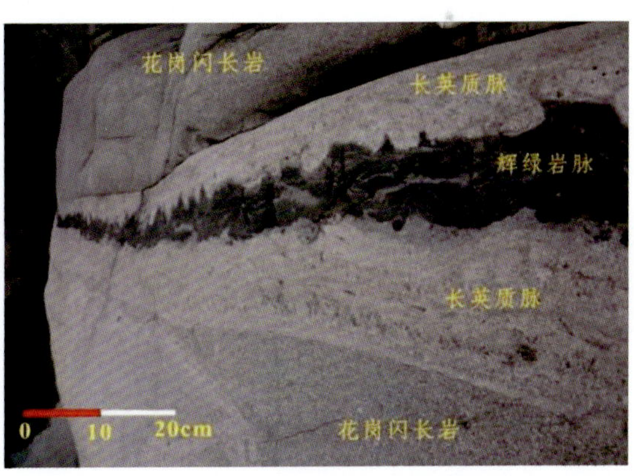

图 3－19 雾下公路陈家大瓦屋鹰子咀单元中的多期脉体侵入现象，辉绿岩脉早于长英质脉体

四、教学进程及注意事项

(一)教学进程

(1)教师提前一天提醒学生预习实习区相关的岩浆岩内容。

(2)教师在剖面起点,简要介绍任务、目的和要求。时间约5分钟。

(3)教师在剖面起点,简要介绍实习区新元古代黄陵花岗杂岩体形成的地质背景、岩体和复式岩体的划分、岩性特征及侵位的先后序列。时间约10分钟。

(4)引导学生观察岩体的岩性、包体特征及多期岩脉穿插关系和标志。时间约150分钟。

(5)引导学生分析、判断实习点岩浆作用的先后顺序及期次。时间约30分钟。

(二)注意事项

(1)需要每位同学和老师带上放大镜。

(2)不要在危险处采集标本。

(3)带水,戴安全帽。

五、专题研究及思考

(1)花岗岩侵入体中捕虏体、浆混体的基本特征是什么?野外主要判别标志有哪些?

(2)花岗岩侵入体中捕虏体、浆混体成因意义有何不同?

路线三　新元古代南华纪地层观察

一、教学路线

基地—三斗坪高家溪—花鸡坡—九龙湾—黄牛崖—基地

二、教学内容及要求

(1)观察描述新元古代莲沱组、南沱组、陡山沱组、灯影组底部的岩性及各组的沉积构造、沉积环境和地层接触关系。

(2)了解新元古代南华纪(成冰纪)、震旦纪(埃迪卡拉纪)的古地理、古气候和古生态特征。

(3)绘制信手地层柱状图(1∶5000)。

(4)采集典型地质标本(地层、岩石、矿物)。

(5)思考科学问题并进行专题研究。

三、路线内容及观察点

该路线上出露的新元古代地层代表了三峡地区典型的地层单元，露头好，地层连续性较好，曾被广泛用于华南地区新元古代地层对比的标准地层序列(表 3-1)。

(一)地层序列

表 3-1　湖北秭归新元古界南华系、震旦系地层序列

时代				组名、代号			厚度(m)	岩性描述
新元古界	震旦系	上统	龙灯溪组	灯影组	白马沱段	Z_2dn^b	17.50	灰白色厚—中层状白云岩、夹中层—薄层状细晶白云岩，局部层状硅质条带、结核发育
新元古界	震旦系	上统	石板滩阶	灯影组	石板滩段	Z_2dn^s	36.0	深灰色、灰黑色薄层含硅质泥晶灰岩，偶夹燧石条带，极薄层泥晶白云岩条带发育
新元古界	震旦系	上统	蛤蟆井阶	灯影组	蛤蟆井段	Z_2dn^h	134.4	灰色—浅灰色中层夹厚层内碎屑白云岩，细晶白云岩，含硅质细晶白云岩
新元古界	震旦系	下统	庙河阶	陡山沱组	四段	Z_1d^4	44.1	黑色薄层硅质泥岩，炭质泥岩夹白云质灰岩
新元古界	震旦系	下统	庙河阶	陡山沱组	三段	Z_1d^3	60.9	上部灰白色厚层夹中层状白云岩、粉晶－细晶白云岩，燧石结核及条带发育。上部为薄层状粉晶白云岩
新元古界	震旦系	下统	翁安阶	陡山沱组	二段	Z_1d^2	89.2	深灰色－黑色薄层泥质灰岩、白云岩夹薄层炭质泥岩，呈不等厚互层状叠置
新元古界	震旦系	下统	翁安阶	陡山沱组	一段	Z_1d^1	5.5	灰、深灰黑色厚层含硅质白云岩，含燧石结核；薄－中层状白云岩、灰质白云岩
新元古界	南华系	上统		南沱组		Nh_2n	103.4	灰绿色夹紫红色块状冰碛砾岩，含冰石英砂砾泥岩，局部偶见薄层状粉砂质泥岩
新元古界	南华系	下统		莲沱组	二段	Nh_1l^2	30	紫红色薄层－中层中粒长石石英岩屑，砂岩夹粉砂质泥岩、粉砂岩，偶夹中层、厚层含砾砂岩
新元古界	南华系	下统		莲沱组	一段	Nh_1l^1	63	紫红色、灰绿色厚层长石石英砂岩、含砾砂岩、砂岩间夹薄层状凝灰质石英砂岩及少量薄层粉砂质泥岩
中元古界				庙河岩组		Pt_2m	864	斜长角闪花岗岩
古元古界				小以村组		Pt_1x	645	黑云二长片麻岩、斜长片麻岩、石英黑云母片或二云片岩斜长角闪岩

(二)莲沱组(Nh_1l)

紫红色厚层砾岩、中厚层含砾石英砂岩和长石石英砂岩、紫红色中层中粒砂岩和细砂岩、紫红色薄层粉砂岩、粉砂质页岩、灰绿色页岩和泥岩等。

莲沱组与下伏黄陵岩体之间为不整合接触关系(沉积不整合)(图 3-20,左),观察点位于高家溪石板桥旁边的房子后(GPS 位置 N30°46′19.9″,E111°01′9.6″)。主要证据包括:①接触界线不平整,可见古风化土壤和古风化剥蚀现象;②上覆地层莲沱组底部含有砾岩层,其中的砾石部分来源于下伏黄陵岩体;③界线上、下地层时代不连续,下伏黄陵岩体的年龄约 800Ma 左右,上覆莲沱组年代 750Ma 左右。莲沱组的沉积环境从下至上可能为洪积扇、冲积扇、三角洲、滨海相沉积。砂岩中发育大型交错层理(图 3-20,右),发育海绿石等自生矿物。区域上莲沱组地层厚度约 190m。

图 3-20 高家溪南华系莲沱组地层不整合接触关系(左)和交错层理(右)

(三)南沱组(Nh_1n)

以灰绿色、灰紫色块状杂砾岩、含砾砂泥岩和粉砂岩为主,夹少量厚层、中厚层含砾冰碛泥质岩。南沱组冰碛岩总体上呈灰绿色,无层理,含大小不等冰碛砾石,其上偶见冰川丁字型擦痕,被认为是冰期沉积的物质记录。

南沱组与下伏莲沱组的接触关系基本上为平行不整合接触,其间缺失邻区可见的古城组和大塘坡组(图 3-21),但在九龙湾剖面上其接触关系可能被断层改造。

南沱组冰碛岩的成因与新元古代冰期有关,被认为是 Marinoan 冰期结束时快速堆积的产物。近年对其中的沉积序列和砾石组成研究后认为,南沱组冰碛地层不是简单的一次性冰期结束堆积而成,可能经历了多次冰进和冰退旋回(Hu et al,2012)(图 3-22),其中的砾石可能来自不同古陆。南沱组的厚度受其沉积时古地理位置影响,区域上其厚度从数十米至数百米不等,三峡地区出露的南沱组冰碛岩厚度约 100m。

图 3－21　南沱组-莲沱组平行不整合接触关系图(青林口)

(四)陡山沱组(Z_1d)

该组地层总体可分为 4 段:陡山沱组一段地层为灰色厚层白云质碳酸盐岩,俗称为“盖帽”碳酸盐岩,沿层理充填有硅质岩,底部地层发育明显溶蚀和充填构造,与下伏南沱组冰碛层平行不整合接触;陡山沱组二段地层为深灰色、灰黑色薄层泥质灰岩和白云岩与黑色薄层碳质页岩和泥岩等互层,发育厘米大小的黑色硅磷质结核,其中曾报道保存有地球早期胚胎化石;陡山沱组三段地层为灰白色厚层状、中厚层、薄层状白云岩夹黑色条带状和团块状燧石;陡山沱组四段地层为黑色薄层碳质泥岩、硅质泥岩夹灰黑色锅底状(透镜状)白云质灰岩。

陡山沱组地层是“雪球地球”冰后期海平面上升时期的沉积产物,三峡地区出露的陡山沱组沉积环境可能为潟湖和浅海台地。自下而上陡山沱组地层的碳同位素和硫同位素存在明显的波动(图 3－23),反映其沉积环境波动频繁。三峡地区陡山沱组地层厚度约 150m。

(五)灯影组(Z_2dn)

该组地层自下而上可分为 3 段(2 白夹 1 黑):蛤蟆井段地层为灰色、浅灰色厚层、中厚层白云岩,与下伏陡山沱组地层在区域上为整合接触;石板滩段地层为深灰色、灰黑色纹层状泥晶灰岩,夹燧石条带;白马沱段地层为灰白色、浅灰色厚层、中厚层、薄层状白云岩,夹硅质条带。

灯影组顶部的岩家河段地层为灰黄色泥灰岩、碳质灰岩和碳质页岩,夹硅质条带和结核。该组地层目前归属于寒武系最底部,区域上与寒武系的水井沱组黑色碳质页岩和“锅底”灰岩整合接触。

灯影组在本条教学路线上只出露蛤蟆井段和石板滩段。在黄牛崖观察点可见灯影组灰色厚层状白云岩直接覆盖于陡山沱组黑色碳质页岩和“锅底”灰岩之上(图 3－24)。区域上灯影组地层厚度较大,约为 160m。

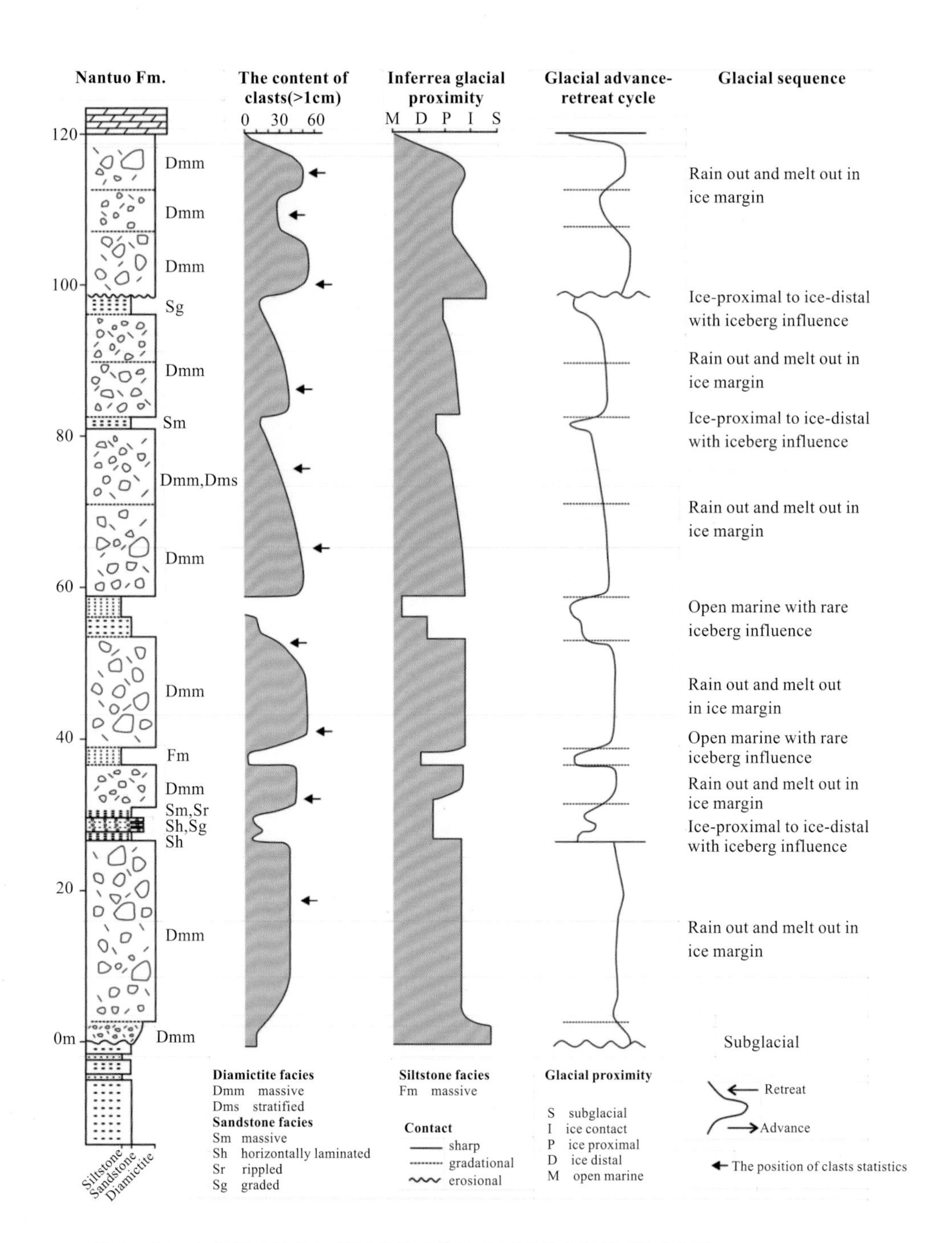

图 3-22 九龙湾南沱组冰碛层岩性变化及其所指示的冰进/退意义图(据 Hu et al,2012)

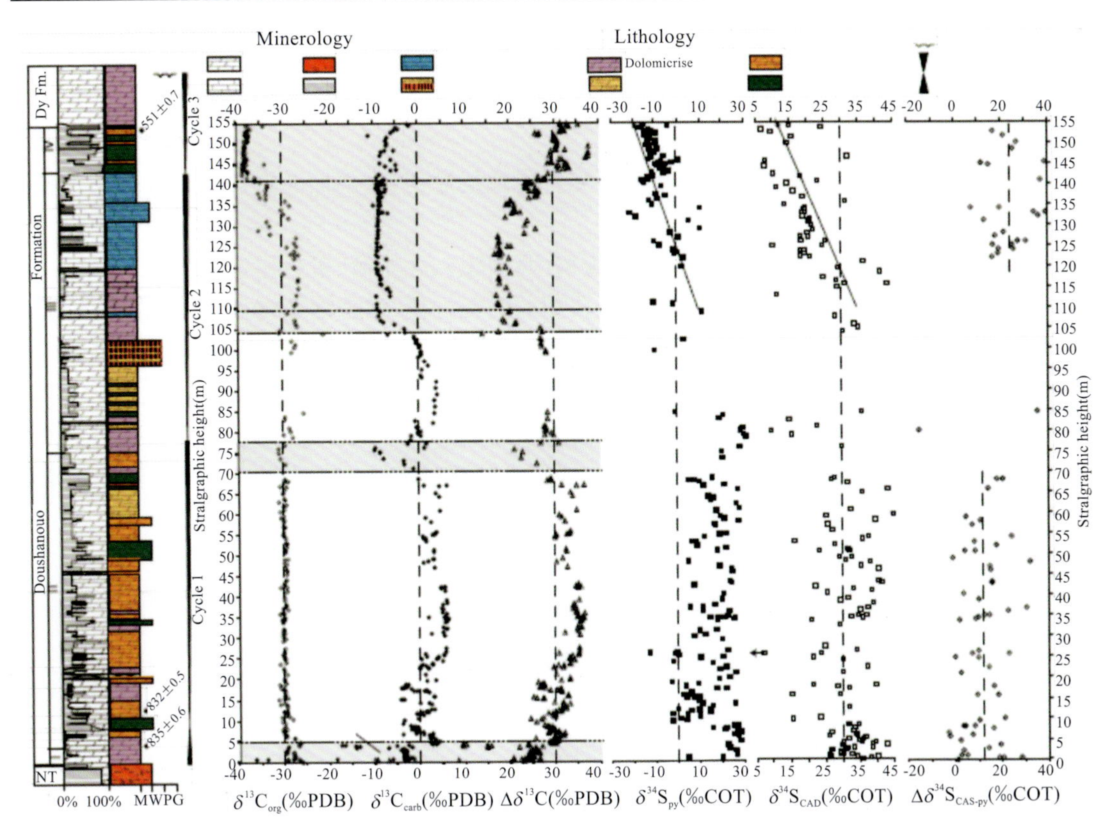

图 3-23 九龙湾陡山沱组碳、硫稳定同位素旋回图(据 McFadden et al,2012)

图 3-24 黄牛崖灯影组与陡山沱组接触关系图

四、教学进程及安排

(一)教学进程

(1)教师提前一天提醒学生预习华南新元古代地层序列,在剖面起点可介绍区域背景和研究现状。时间约15分钟。

(2)路线设计时间为半天,拟分别在石板桥(高家溪)、九龙湾、黄牛崖定点。

(3)该路线代表了华南地区(甚至全球)典型的新元古代“雪球地球事件”前后的地层记录、古环境突变事件记录(第二次成氧事件、古甲烷渗漏事件、古海洋酸化事件)、地球早期生命的演化事件(陡山沱生物群-蓝田、翁安、庙河,埃迪卡拉生物群)和成矿事件(磷矿、V矿、页岩气)。带班教员拟在教学过程中及时提醒该路线出露地层的地质背景、全球对比和科学意义。

(4)要求每个学生一边观察地层、一边绘制信手地层柱状图,实习结束前要求基本完成绘制初稿。

(二)注意事项

(1)由于该路线沿途为盘山公路,务必要求每位师生注意安全。

(2)跟车教学,要求司机在盘山公路驾驶经验丰富。

(3)带上足够的饮用水。

五、专题研究及思考

(1)“雪球地球事件”结束后古甲烷渗漏的成因、地质记录及其古海洋、古环境、古生态效应的认识和分析?

(2)莲沱组与全球成冰期地层的对比?

(3)南沱组冰碛层的成因、沉积过程、物源示踪和古地理意义是什么?

(4)陡山沱时期的成磷事件成因、物源和成矿过程是什么?

(5)陡山沱生物群、埃迪卡拉生物群和寒武纪生命大爆发的环境条件和生命进化史是什么?

路线四 埃迪卡拉纪—寒武纪地层和古生物观察

一、教学路线

基地—周家坳—滚石坳—周家坳—基地

二、教学任务及要求

(1)了解埃迪卡拉纪灯影组石板滩段与白马沱段的岩性差异及分界。

(2)观察埃迪卡拉纪灯影组与寒武纪岩家河组的岩性差异及分界。

(3)观察寒武纪第一、二世岩家河组和水井沱组地层层序,掌握平行不整合野外特征,并进行野外素描。

(4)学习化石采集。

三、路线内容及观察点

本路线考察内容包括3条剖面:埃迪卡拉系灯影组石板滩段和白马沱段剖面、寒武系第一统岩家河组剖面和第二统水井沱组剖面(图3-25)。

(一)灯影组地层特征

在路线三,已经考察了灯影组蛤蟆井段和石板滩段地层特点。本路线重点考察石板滩段与白马沱段的分界特征,以及白马沱段的岩石地层特点。

教学观察点位于周家坳东南约1km,土三公路转弯处,白云岩采石场北约200m(图3-25)。石板滩段(Z_2dn^s)以灰色—灰黑色薄层夹中层状灰岩与深灰色—黑灰色泥质灰岩、白云质灰岩不等厚互层为特征。

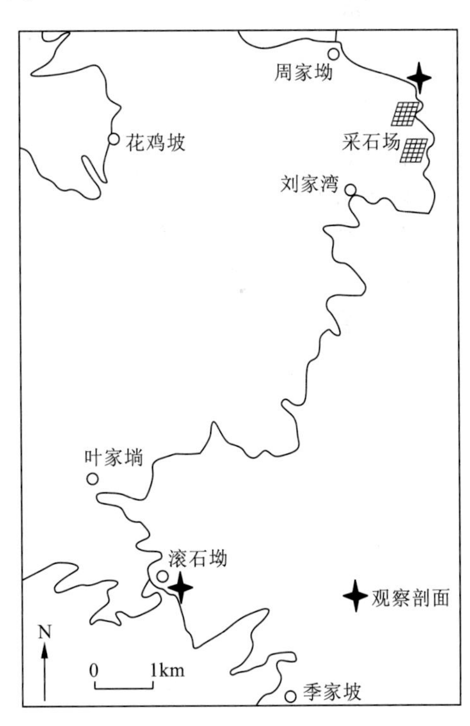

图3-25 教学观察点交通位置图

白马沱段(Z_2dn^b)以浅灰色、灰白色薄层状白云岩大量出现为标志,厚75.67～469m。下部岩性为灰色—灰白色厚层状—中厚层状细晶白云岩、灰质白云岩、含砾白云岩、硅质白云岩夹白云质灰岩,偶夹燧石团块、燧石结核。中下部岩性为灰白色—灰黄色中层状中细晶白云岩,夹薄—极薄层硅质细晶白云岩、硅质岩等,含少量燧石结核和燧石层。中上部为粉红色—灰白色中厚层含砂屑白云岩,可见少量燧石结核和燧石层,并发育板状斜层理、鸟眼构造。上部主要为灰白色厚层块状白云岩,间夹薄层—中层状泥晶白云岩,局部层段发育硅质条带和燧石团块、燧石结核及白云岩结核。本段含少许疑源类化石:*Asperatopsophopsharea partialis*，*Trachysphaeridium hyalinum*，*T. rude*，*Taeniatum crassum* 等；总体为潮坪环境。与下伏石板滩段整合接触。

（二）岩家河组（$\in_1 y$）地层特征

实习区寒武系分布较广，出露齐全。主要分布于黄陵背斜周缘地区，自下而上划分为：岩家河组（天柱山段）、水井沱组、石牌组、天河板组、石龙洞组、覃家庙组、娄山关组。本路线仅观察寒武系第一统岩家河组和第二统水井沱组。

岩家河组（$\in_1 y$）主要分布于雾河岩家河、泗溪等处。下部为灰色泥质白云岩、白云岩与土黄色灰质泥岩互层，夹灰黑色 4～10cm 厚的硅质条带，其中白云岩中含有小壳动物化石。上部为中厚—薄层状深灰色灰岩、碳质灰岩夹碳质页岩。其中簿层状碳质灰岩中含有直径 5～8cm 的磷硅质结核，顶部为浅灰色中厚层状含燧石结核灰岩，其上为 5～10cm 土黄色黏土层。本组厚约 56m，与下伏灯影组、上覆水井沱组均为平行不整合接触（图 3-26、图 3-27）。

年代地层	岩石地层		层厚(m)	柱状图 1:500	岩性描述
	组	层			
第二统	水井沱组			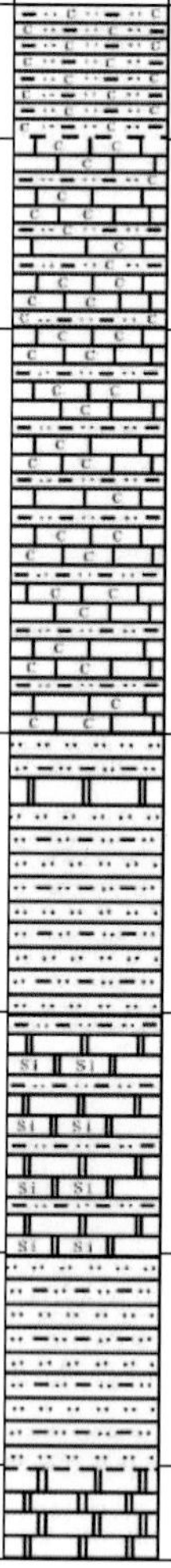	灰黑色含碳质粉砂质泥岩，间夹灰质白云岩透镜体。底部为2~3cm灰白色。黄褐色黏土(风化壳)
寒武系第一统	岩家河组	5	8		灰黑色薄—中层状含炭质泥晶-粉晶灰岩，与含碳质粉砂质泥岩不等厚互层，灰岩中见硅磷质结核，顶部为黑色薄层硅质岩，含小壳化石和遗迹化石等。小壳化石属*Lophotheca-Aldanella-Maidipingoconus*组合
		4	17		深灰色中—薄层状含碳质粉晶灰岩，与黑色薄层含炭质粉砂质泥岩互层。含小壳化石*Circotheca-Anabarites-Protohertzina*组合
		3	12		灰色—深灰色薄层泥质粉砂岩，与黄绿色薄层粉砂质泥岩互层，夹大量燧石条带，中上部还夹灰色中层状白云岩
		2	10		灰色—深灰色中层状含硅质白云岩，夹黄绿色粉砂质泥岩，顶部见灰黑色燧石条
		1	9		底部为灰色薄层白云岩与黄绿色泥岩互层；往上为灰色薄层泥质粉砂岩和粉砂质泥岩，夹燧石条带
埃迪卡拉系灯影组					灰白色厚层夹中层状粉晶白云岩

图 3-26　寒武系第一统岩家河组地层序列

图 3-27　滚石坳埃迪卡拉系灯影组及寒武系岩家河组
(a)灯影组与岩家河组接触关系；(b)岩家河组底部含砾砂岩

主要观察内容包括以下几个方面。

(1)灯影组顶部岩石特征及沉积特征。

(2)灯影组与岩家河组接触关系：地层特征、岩石特征和沉积特征。

(3)灯影组与岩家河组接触界线附近断层构造特征。

(4)岩家河组地层层序及其岩系特征、沉积特征。

(5)岩家河组顶部硅质结核、薄层特征，及其小壳化石特征。

(三)水井沱组($\in_2 s$)地层特征

水井沱组以黑色、黑灰色薄层含碳质、粉砂质泥岩出现为底界标志。实习区地层厚度变化较大，为 53～161m。下部为黑色薄—极薄层碳质页岩、粉砂质页岩，夹硅质白云岩、白云岩、白云质灰岩透镜体；中部为黑灰、灰黄色碳质页岩、粉砂质页岩，夹薄—中厚层灰岩；上部岩性为黑色、灰黑色薄—中层状灰岩，夹薄层状泥灰岩、钙质页岩；顶部为浅灰色、深灰色薄层含磷结核白云质灰岩、灰质白云岩，水平层理发育。产三叶虫 *Tsunyidiscus ziguiensis*，*Hupeidiscus orientalis*，*Hupeidiscus fongdongensis*，*Hupeidiscus latus*，*T. xiadongensis* 等。该组与下伏岩家河组均为平行不整合接触(图 3-28、图 3-29)。

主要观察内容包括以下几个方面。

(1)水井沱组与岩家河组接触关系：地层特征、岩石特征和沉积特征。

(2)水井沱组地层层序及其岩性特征、沉积特征。

(3)采集水井沱组黑色碳质泥岩中的海绵骨针、楔形虫、三叶虫等化石。

四、教学进程及注意事项

(一)教学进程

(1)教师提前一天提醒学生预习华南寒武纪地史及地层序列。

(2)教师在剖面起点，简要介绍任务、目的和要求。

(二)注意事项

带放大镜和化石包装纸。

年代地层	岩石地层		层厚(m)	柱状图 1:500	岩性描述	沉积相
	组	层				
	石牌组			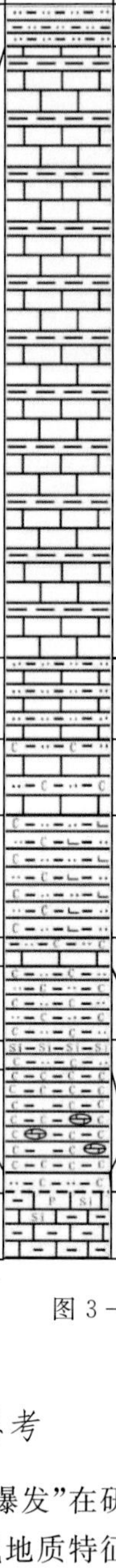	灰褐色薄层泥质粉砂岩与粉砂质泥岩互层	
第二统	水井沱组	9	86		灰色中—薄层状泥晶-粉晶灰岩夹黄绿色极薄层泥岩，灰岩中泥质条带和水平层理发育，顶部见小型斜层理	浅陆棚
		8	10		深灰色薄层状泥晶—粉晶灰岩，夹灰黑色薄层粉砂质泥岩、含粉砂质泥岩，水平纹层发育。产*Tsunyidiscus* sp.	
		7	11		灰黑色薄层泥晶—微晶灰岩夹灰黑色含碳质、粉砂质泥岩，水平层理发育。偶见腕足类化石、三叶虫化石	深陆棚
		6	18		灰黑色薄层含碳质、钙质、粉砂质泥岩，水平层理发育，产大量三叶虫化石、海绵骨针等化石	
		5	3		黑色薄层碳质钙质泥岩、硅质碳质泥晶灰岩，碳质粉砂质泥岩	
		4	10		黑色薄层含碳质、粉砂质泥岩，发育水平层理，含三叶虫化石	
		3	4		黑色中—薄层状硅质泥岩、硅质岩，夹薄层粉砂质碳质泥岩	
		2	15		黑色薄层含炭质泥岩，水平层理发育，夹灰岩透镜体	浅陆棚
		1	2		底部为灰白色、黄褐色黏土岩，其余为黑灰色粉砂质碳质泥岩	潮下带
第一统	岩家河组				灰黑色中—薄层状含碳质泥晶灰岩，含硅、磷质结核，或为黑色极薄层硅质岩，见小壳化石	

图 3-28　寒武系第二统水井沱组地层序列

五、专题研究及思考

(1)“寒武纪生命大爆发”在研究区水井沱组的表现。

(2)水井沱组页岩气地质特征有哪些？

(3)埃迪卡拉纪微体生物群特征及其环境背景有哪些？

图 3-29 寒武系岩家河组及水井沱组

(a)、(b)滚石坳岩家河组与水井沱组接触关系;(c)水井沱组黄铁矿化海绵骨针;(d)九曲垴岩家河组与水井沱组接触关系

路线五　宜昌黄花场奥陶纪大坪期地层观察

一、教学路线

基地—黄花乡宜兴公路旁—基地

二、教学任务及要求

(1)了解奥陶纪第三个期(大坪期)和早—中奥陶世大湾组岩石地层及旋回地层特征,初步掌握不同类型灰岩的识别特征。

(2)观察识别瓶筐石、角石、菊石等化石,并进行野外素描。

(3)分层描述碳酸盐岩的岩石特征和生物组成,绘制红花园组和大湾组的信手地层剖面图和柱状图。

三、路线内容及观察点

(一)红花园组(O_1h)

红花园组地层时代为早奥陶世。本路线该组主要由一套深灰色、灰黄色中—厚层生物碎屑灰岩组成,各层由一至多个小旋回层(副层序)构成,每个小旋回层的主体为中层至厚层生物碎屑灰岩,均为向上变浅的进积型副层序(图 3-30),下部含 *Archaeoscyphia*,*Calathium* 和 *Serratognathus diversus* 生物带牙形石,最上部产 *Oepikodus communis* 生物带牙形石,几丁虫 *Lagenochitina esthonica* 生物带上延至上覆大湾组的下部,剖面处还可见瓶筐石、海百合等化石(图 3-31)。

图 3-30　宜昌市黄花场剖面红花园组岩石特征

(a)第 6～7 层内中—厚层的小旋回;(b)第 8 层灰黄色中—厚层的多个旋回,含大量海百合、瓶筐石等

红花园组可见丰富的化石,是进行野外化石观察的重要层位。主要观察内容包括以下几个方面。

(1)海百合茎碎屑灰岩:海百合碎片的单晶特征、形态、大小、含量。

(2)瓶筐石化石:瓶筐石化石形态、结构、大小、含量。

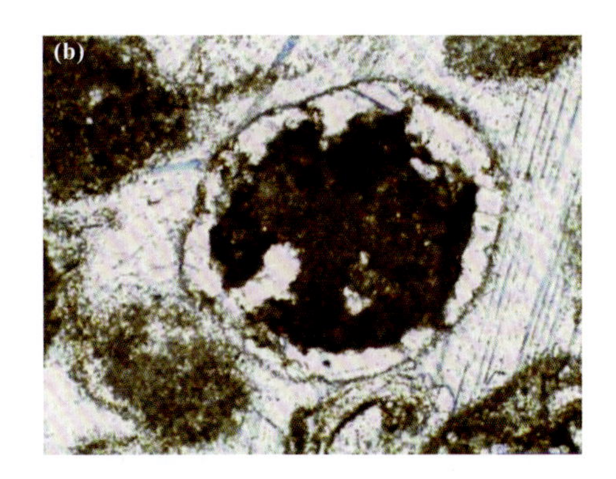

图 3-31　宜昌市黄花场剖面红花园组所含化石

(a)第 2 层内含瓶筐石、腕足类等化石；(b)岩石薄片中的瓶筐石(右下角最小比例尺为 20μm)

(二)大湾组($O_{1-2}d$)

大湾组地层时代为早—中奥陶世。本剖面的大湾组根据岩性可分为 4 段。

一段以灰色中—薄层富含海绿石生物碎屑灰岩为主，夹黄绿色薄层含粉砂质页岩，厚 4.84m，由薄层含粉砂质页岩—中薄层含海绿石生物碎屑灰岩构成多个小旋回(副层序)，依然为向上变浅的进积型副层序(图 3-32)。以产冷水和暖水动物群和笔石、几丁虫、疑源类、牙形石、腕足类、三叶虫、头足类等相互混生为特点，自下而上可分为 *Oepikodus evae* 和 *Periodon flabellum* 2 个牙形石生物带，笔石 *Didymograptellus bifidus* 生物带，几丁虫 *Lagenochitina esthonica*-*Conochitina langei* 生物带。

图 3-32　宜昌市黄花场剖面大湾组一段岩石特征

(a)第 10 层灰色中—薄层状含海绿石生物碎屑灰岩；(b)第 11～13 层灰色薄层—中层富含海绿石含生物碎屑灰岩构成的多个进积型小旋回

二段由 4.52m 厚的深灰色砂质页岩、灰黑色砂质泥岩—灰色薄层生物碎屑灰岩组成多个向上变浅的进积型小旋回(副层序)，含海绿石矿物(图 3-33)，顶部为灰色中—厚层状生物碎屑灰岩，产大量腕足类 *Leptella grandis* 等，笔石 *Azygograptus suecicus* 生物带，含牙形石 *Periodon flabellum*，*Baltoniotus protriangularis*，*Drepanoistodus forceps* 等，以及几丁虫 *Conochitina langei* 和 *C. pseudocarinata* 两个生物带。

图 3－33　宜昌市黄花场剖面大湾组二段岩石特征

(a)第 22 层黄绿色薄层砂质页岩—灰色薄层生物碎屑灰岩构成的多个进积型小旋回，从一段到二段，灰岩单层变薄，泥岩夹层增多；(b)第 25 层岩石薄片中的海绿石矿物(右下角最小比例尺为 50μm)

三段厚 2.2m，由黄绿色砂质页岩—灰绿色薄层瘤状泥质生物碎屑灰岩组成多个进积型小旋回(副层序)(图 3－34)，产笔石 *Azygograptus suecicus* 生物带，三叶虫 *Pseudocalymene transversa*，*Agerina elongata* 等，*Euorthisina* 带的腕足类及牙形石 *Baltoniodus triangularis* 生物带等，以及几丁虫 *Belonechitina* cf. *henryi* 生物带。

图 3－34　宜昌市黄花场剖面大湾组三段岩石特征

(a)第 26 层黄绿色砂质页岩夹灰绿色薄层生物碎屑灰岩与第 27 层灰绿色薄层泥质生物碎屑灰岩夹黄绿色砂质页岩之间的大坪阶 GSSP；(b)第 29 层黄绿色薄层砂质页岩－薄层含泥质生物碎屑灰岩构成的 3 个进积型小旋回

四段厚 9.52m，由黄绿色薄层砂质页岩—灰红色薄—中层状含泥质生物碎屑灰岩组成多个向上变浅的进积型小旋回(副层序)(图 3－35)，富含海绿石，产笔石 *Azygograptus suecicus* 生物带，*Euorthisina* 带的腕足类，牙形石 *Baltoniodus navis* 生物带，以及几丁虫 *Belonechitina* cf. *henryi* 生物带，风化面上可见角石、菊石、腕足等大化石(图 3－36)。

本组地层露头良好，与下伏红花园组相比，普遍含海绿石和各类化石，旋回地层特征明显(图 3－37)。主要观察内容包括以下几个方面：①大湾组与下伏红花园组之间接触关系观察，接触关系类型分析；②大湾组岩石地层和旋回地层特征观察；③生物碎屑灰岩：角石、菊石和腕足等化石形态、大小、结构和含量。

图 3-35　宜昌市黄花场剖面大湾组四段岩石特征
(a)第 31 层黄绿色—灰红色薄—中层状含泥质生物碎屑灰岩的小旋回，含海绿石；
(b)第 39 层灰红色薄—中层泥质生物碎屑灰岩构成的多个进积型小旋回

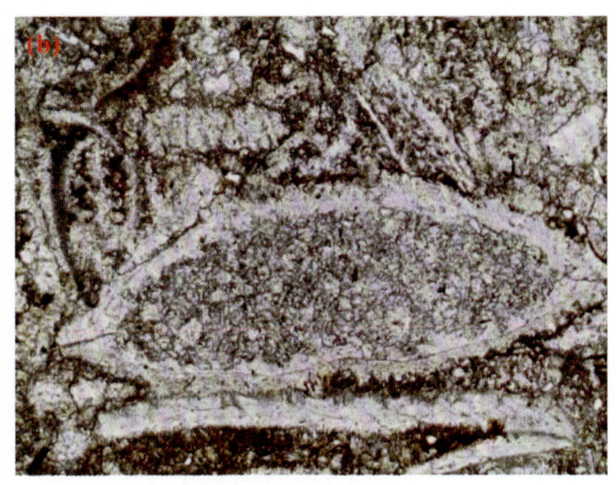

图 3-36　宜昌市黄花场剖面大湾组四段所含化石
(a)第 39 层岩层风化面上可见丰富的角石、菊石和腕足等化石；
(b)第 39 层岩石薄片中的腕足类壳体(右下角最小比例尺为 50μm)

四、教学进程及注意事项

(一)教学进程

(1)教师提前一天提醒学生预习华南奥陶纪地史及地层序列。

(2)教师在剖面起点，简要介绍任务、目的和要求。时间约 5 分钟。

(3)教师在剖面起点，简要介绍华南奥陶纪地层序列。时间约 5 分钟。

(4))红花园组分层描述和信手剖面。时间约 30 分钟。

(5)红花园组 2 个观察点，时间共约 20 分钟。

(6)大湾组分层描述和信手剖面。时间约 60 分钟。

(7)大湾组 4 个观察点，时间共约 40 分钟。

(8)大坪阶“金钉子”剖面实测。时间约 60 分钟。

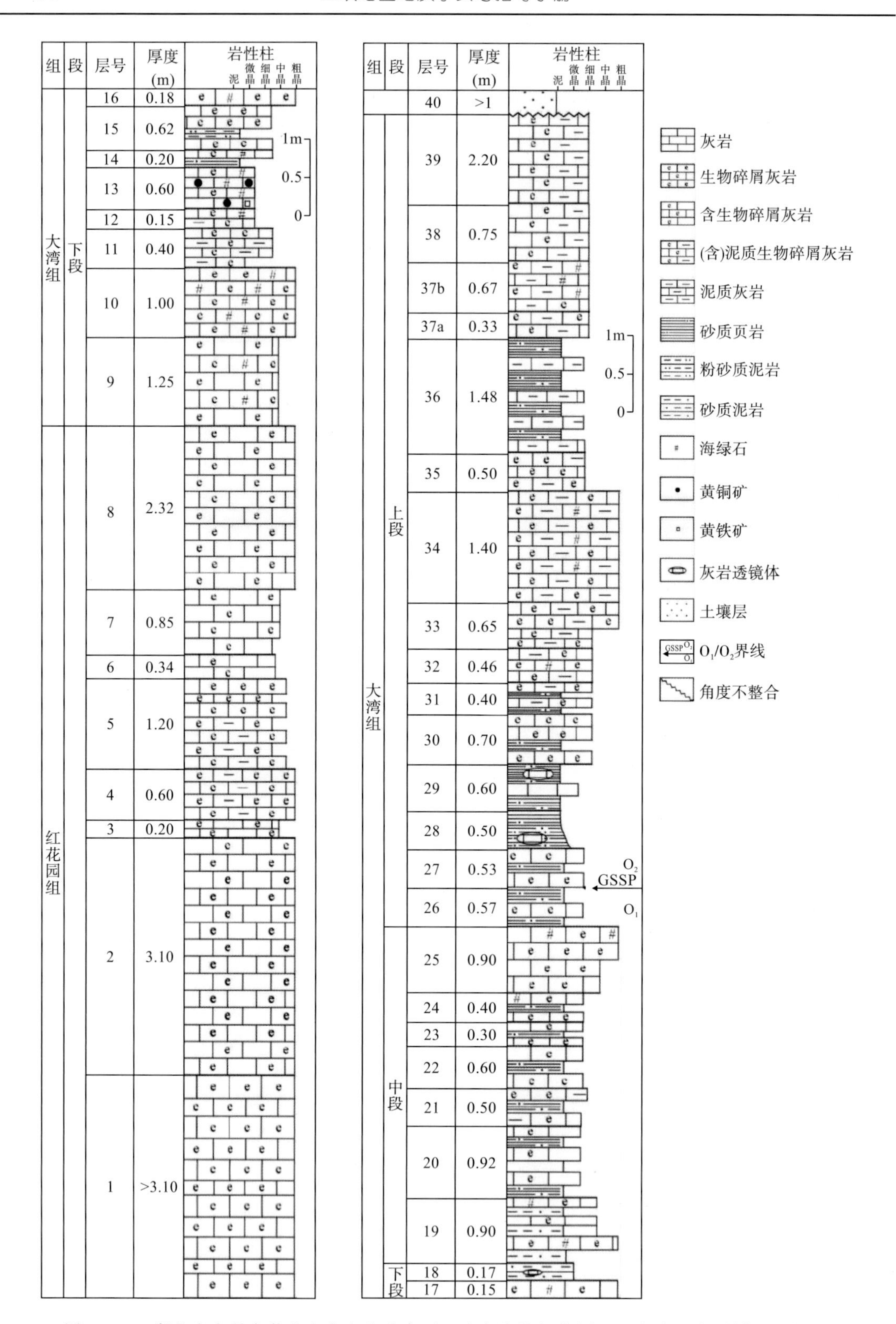

图 3-37　湖北省宜昌市黄花乡宜兴公路旁下—中奥陶统红花园组—大湾组实测剖面柱状图

(二)注意事项

(1)由于生物碎屑灰岩中化石丰富,需要每位同学和老师均带上放大镜。

(2)剖面位于宜兴公路旁,采集标本和野外观察需要注意安全。

(3)由于要完成剖面实测,需要带测绳和卷尺。

(4)带饭,带水。

五、专题研究及思考

(1)生物碎屑灰岩和砂质页岩的形成环境讨论。

(2)海绿石的成因分析。

(3)瘤状灰岩的成因探讨。

路线六 宜昌王家湾上奥陶统赫南特阶全球界线层型剖面和点位观察

一、教学路线

基地—宜昌王家湾—基地

二、教学任务及要求

(1)了解上奥陶统五峰组和下志留统龙马溪组地层序列,掌握黑色笔石页岩相和介壳灰岩相的特征。

(2)了解"赫南特阶"底界与奥陶系—志留系界线的定义,掌握岩石地层、生物地层和年代地层三者的关系。

(3)分层描述黑色页岩,绘制五峰组和龙马溪组的地层柱状图。

(4)掌握化石采集方法,了解化石鉴定方法。

三、路线内容及观察点

(一)五峰组(O_3w)

五峰组时代为晚奥陶世晚期。王家湾剖面五峰组主要为深灰色、灰黑色薄层硅质岩和硅质泥岩互层(形成韵律),含大量笔石。

五峰组顶部为灰黄色中层泥质灰岩,含大量腕足类等介壳生物。该层岩性特殊,在四川、贵州、湖北、陕西等地均有分布,但地层厚度较薄,在王家湾剖面仅 20cm 厚,不具有建组的地层厚度,称为"观音桥层"(图 3-38)。

主要观察内容包括以下几个方面。

(1)五峰组硅质岩和硅质泥岩:岩石颜色、岩石的单层厚度、沉积构造、化石类型、化石的保存(区分原地和异地埋藏)。

(2)五峰组顶部观音桥层介壳灰岩:岩石颜色、地层厚度、化石类型。

(二)观音桥层(组)

观音桥层(组)是张鸣韶、盛莘夫于 1939 年命名于四川观音桥,并于 1959 年被卢衍豪修改(卢衍豪,1959)。观音桥层(组)广泛分布在四川、贵州、湖北、陕西等地。由于地层较薄,不具有建组的地层厚度,建议使用"观音桥层"。观音桥层在王家湾剖面为 20cm 左右的灰黄色泥质灰岩产非常丰富的底栖生物腕足类和三叶虫。观音桥层在岩性和生物组成方面与其上、下地层明显不同,并且区域上延伸较广,对地层对比具有重要的意义。

(三)龙马溪组(O_3S_1l)

龙马溪组主体时代为早志留世早期。龙马溪组底部是灰黑色薄层含硅的碳质泥岩,厚度大于 2m;下部为灰黑色碳质页岩,厚约 50m。在王家湾剖面教学观察点仅出露龙马溪组底部。主要观察内容包括龙马溪组岩石的颜色、岩石的单层厚度、沉积构造、化石类型。注意从岩性方面区分五峰组和龙马溪组,观察两者之间的接触关系。

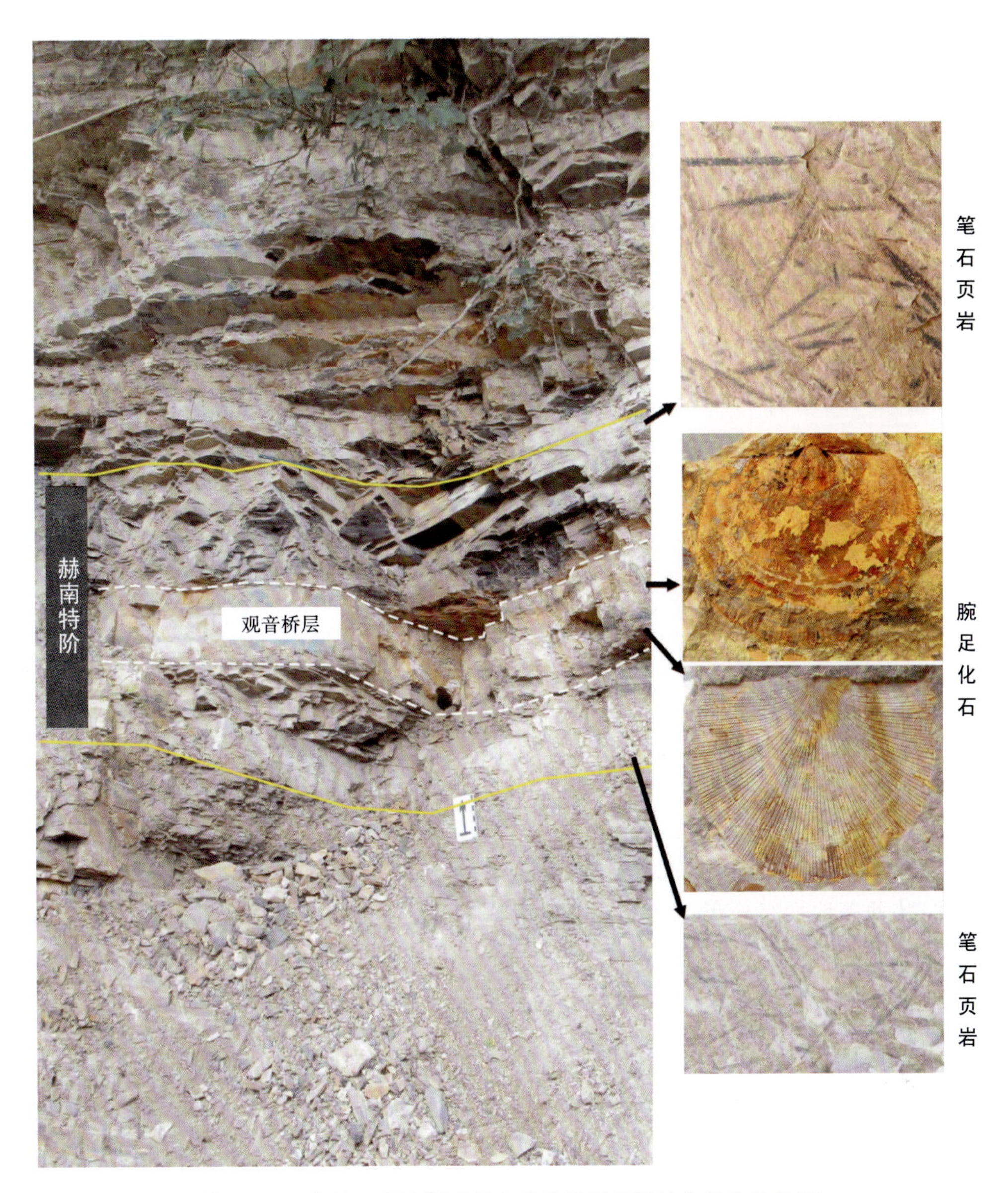

图 3-38 宜昌王家湾剖面赫南特阶岩石地层结构及生物化石

四、剖面描述与化石采集

(一)剖面描述

剖面描述内容主要包括岩石的颜色、结构、岩性、沉积构造和化石类别。在进行剖面描述的同时,需要野外绘制地层柱状图(为了保证记录的完整性和真实性,柱状图一定要在野外完成),格式如图 3-39 所示。图中标有“泥,粉砂,砂”的一栏为“岩性-岩相柱”,“照相号”一栏可以分成 2 栏,即“照相号”和“采样号(或者化石采集号)”。

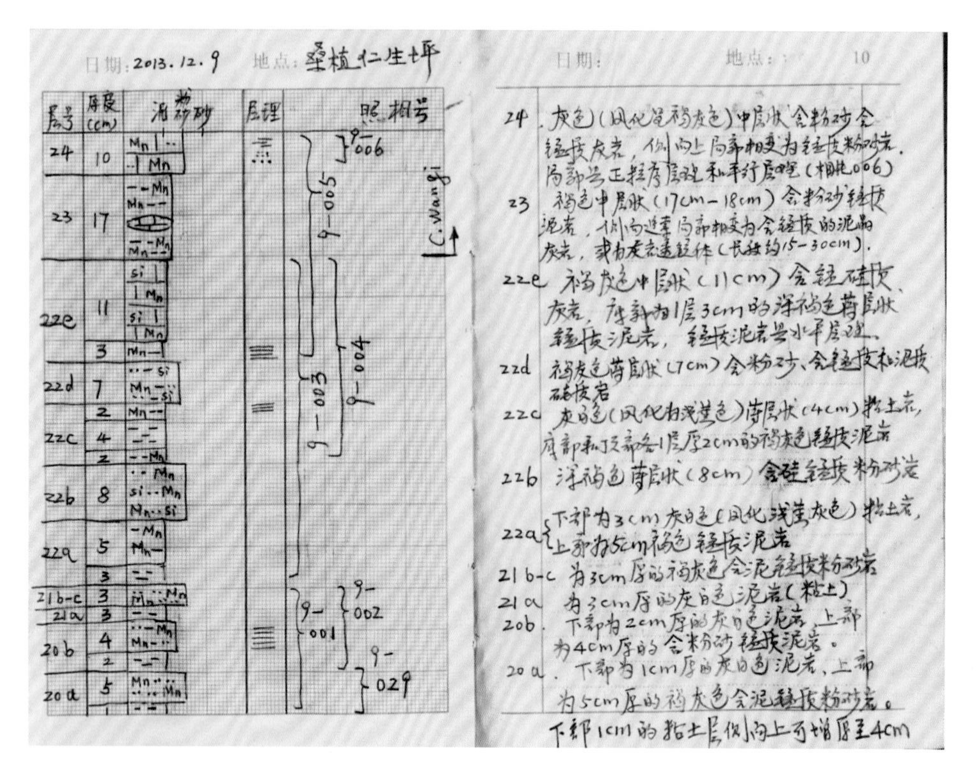

图 3-39 野外剖面描述的记录格式

(二)化石采集

野外化石采集包括化石编号、化石包装、化石野外初步鉴定。在室内进一步鉴定化石时，请查阅资料和文献。根据化石大小分为宏体化石和微体化石。

1. 微体化石采集

微体化石采集相对比较简单。牙形石常保存在灰岩和泥灰岩中，有孔虫和䗴类常保存在灰岩中，放射虫往往保存于硅质岩或者硅质泥岩之中。因此，采集微体化石时要充分结合地层的岩性。另外，微体化石采集间距一般要考虑研究目的，如果想通过微体化石(如牙形石)建立化石带，则根据同时期化石带在其他地区或剖面的划分规律以及地层厚度，大致计算每个化石带可能对应的地层厚度，保证对每个化石带基本等间距地采集多个样品。在可能的年代地层界线附近则加密采样。如果通过微体化石进行古生态的研究，则根据剖面出露的地层厚度和岩性基本等间距采样，如五峰组地层较薄，总共不到 6m，含放射虫化石，如果条件允许，可以硅质岩或硅质泥岩的单层为单位进行样品采集。微体化石样品采集之后要立刻编号并进行登记(表 3-2)，同时还需在野簿和丈量表的相应位置填写标本号。野外编号一般包括剖面名称、层位和化石类别，如 HSR-2-C[其含义是湖南(H)桑植(S)仁村坪(R)剖面第 2 层牙形石 conodont 样品，其中 C 是牙形石 conodont 的简写]。

表 3-2　微体化石标本采集登记表

剖面名称：
剖面编号：　　　　　　　　　　剖面起点坐标：E：　　N：　　H：
采集者单位：
采　集　者：　　　　　　　　　采集日期：　　年　　月　　日
采集总数：　　　件

样品编号	样品类型	岩性	采样位置		
			层号	距层底(m)	导线号(L)：采集点位置(m)

2. 宏体化石采集

1)宏体化石采集、标本编号

生物死后，如果没有强的水动力改造和搬运，化石通常顺层随机分布，因此，一般使用“扁嘴型”地质锤顺着层面将宏体化石剥露出来。

化石采集下来之后，在化石标本上标明化石(或样品)编号，并进行登记(表 3-3)，同时还需在野簿和丈量表的相应位置填写标本号。

表 3-3　宏体化石标本采集登记表

剖面名称：
剖面编号：　　　　　　　　　　剖面起点坐标：E：　　N：　　H：
采集者单位：
采　集　者：　　　　　　　　　采集日期：　　年　　月　　日
采集总数：　　　件

样品编号	野外定名	保存状况	化石范围岩性	采样位置		
				层号	距层底(m)	导线号(L)：采集点位置(m)

野外编号一般包括剖面名称、层位和化石类别，如 YWJW-W-2-B[其含义是宜昌(Y)王家湾剖面(WJW)五峰组(-W)第 2 层(-2)腕足类样品(-B)，其中 B 是腕足 brachiopod 的简写]。另外如果需要，在编号之前还要加上年份，如 2014YWJW-W-2-B。

2)宏体化石野外大类定名与描述

在野外，至少需鉴定出所采集到的宏体化石大类(如三叶虫、菊石、腕足类等)，尽可能鉴定到科和属一级，少数可鉴定到种级。野外描述内容主要是：化石的类别、各类化石的数量(可定量，也可用大量、中等和少量等来表示）、化石保存情况（完整性、磨损性、分选性、保存状态等）。

3）宏体化石野外照相

野外化石照相是指对宏体化石的埋藏状态、生态类型、重要属种等的摄影。

对化石埋藏状态和生态类型摄影，则选择多个有代表性的面积照相，并做好相应的方位和照相面积记录，展示岩层层面上化石产出的密度和产出特征。对重要属种摄影，则侧重于照清楚化石的总体形态、外部结构和纹饰等。化石摄影时，还需要根据化石大小选择一定的比例尺（如硬币）和方位。

4）宏体化石采集中化石数量的控制

在化石的野外采集过程中，怎样才知道化石采集是否已经满足研究的需要呢？

“稀疏标准化法”（rarefaction）就是用来检验化石采集是否足够的方法。这种方法需要回到室内得到化石鉴定和统计结果才可以开展，将物种数和每个物种的标本数输入到 Past 软件中，成图后如果抛物线的远端趋于平坦，则意味着该层化石采集量已经足够，如果抛物线的远端仍然陡倾，则表示化石数量采集不够，还可能发现更多的种。根据化石采集经验和“稀疏标准化法”（rarefaction）使用经验，如果一个层位的物种数在 10 左右，则采集标本数一般需要在 150 枚左右；如果一个层位的物种数在 15 左右，则采集标本数一般在 300 枚左右。

3. 宏体化石的室内处理、鉴定与描述

1）化石室内处理

宏体化石：宏体化石往往容易被围岩所覆盖，此时需要使用化石修理机或者小钢针将化石被覆盖的部分从围岩中修理出来。修理时注意熟悉和观察化石的形态（化石小于 5mm 时往往需要在显微镜下仔细观察），从离化石较远的部位开始凿除围岩，由远及近。

另外，有的化石需要通过磨片才能了解其壳的结构或者内部结构，如䗴和有孔虫，切片时必须切到初房；大部分腕足类的内部结构必须经过磨片才能全面掌握。

2）宏体化石鉴定与描述

化石鉴定步骤一般包括以下几步。

（1）掌握某个门类化石的基本结构及其描述方法。

（2）查阅前人资料，了解相关地史时期邻区或者研究区某个门类化石的面貌。

（3）对化石进行形态的复原和分类：化石往往保存不完整，此时需要把化石进行大致分类，通过多个化石的组合特征全面掌握某类化石的外部特征和内部结构等。另外，有些化石的各部位往往分散保存（如三叶虫），此时要充分熟悉该时期三叶虫属种的头甲、胸甲和尾甲的特征，在此基础上将分散保存的化石组合在一起。在这些工作的基础上，画素描图重建每类化石的特征。

（4）按照一定的顺序对化石进行详细描述，如腕足类可以先描述整体形态特征（包括正视、侧视和前视等），然后是外部结构特征，最后描述内部结构特征。在描述的同时注意化石的主要鉴定特征，即某个种在其所在的属中的独特之处。如果要描述一个新种，应该阅读某一个属相关的所有文献（包括国内和国外文献），确认某个属所有已知种都和所研究的标本存在明显差异。

五、教学进程及注意事项

(一)教学进程

(1)教师提前一天提醒学生预习华南奥陶纪末—志留纪初地史及地层序列;给学生介绍野外剖面柱状图绘制的格式,并让学生做好相应准备。

(2)教师在剖面起点,简要介绍任务、目的和要求。时间约5分钟。

(3)教师在剖面起点,简要介绍“赫南特阶”名称的来历、含义,“赫南特阶”金钉子批准的时间以及“赫南特阶”建立的重要意义等。时间约15分钟。

(4)教师在剖面起点,以引导的方式提示学生回顾华南奥陶纪末—志留纪初岩石地层序列。时间约2分钟。

(5)教师在剖面上介绍黑色页岩分层的方法。时间约8分钟。

(6)五峰组至龙马溪组底部分层、描述和柱状剖面图绘制。

学生分组与分工:全班分5～6个组,每组5～6人;描述与绘图1人,观察和讨论岩性1～2人,测量厚度1人,观察和讨论沉积构造1～2人。组内成员的分工按照分层交换进行,使每个学生均有机会掌握岩性和沉积构造等的野外观察、描述和野外柱状图的绘制方法。组长协调并记录每组的分工情况。

要求:野外每个组提交完整记录1份(野外检查并打分);室内每个学生整理之后提交记录1份。

时间约150分钟。

(7)化石采集与野外照相(在此过程中,教师简要介绍化石采集和野外照相的方法;在化石采集的最后阶段,教师介绍化石鉴定方法,并要求学生回到室内自行鉴定)。

(6)和(7)可以同时进行。

时间约60分钟。

(二)注意事项

(1)野外工具:每人准备野簿、铅笔、橡皮、三角尺或小直尺;以组为单位,每组准备记号笔、钢卷尺、化石包装纸。

(2)剖面位于公路旁,注意车辆。

(3)带饭和水。

六、专题研究及思考

(1)如何区分五峰组和龙马溪组?

(2)岩石地层、生物地层和年代地层的关系是什么?

(3)奥陶纪—志留纪之交发生了哪些重大地质事件? 生物灭绝的原因主要有哪些?

(4)*Hirnantia*壳相动物群分布在世界上哪些地区? *Hirnantia*壳相动物群的穿时性和哪些因素有关?

七、“赫南特阶”金钉子的相关介绍

“赫南特”(Hirnant)是英国威尔士Bala地区的一个小地名,“赫南特阶”是地质学家以该地名对奥陶系最顶部一段地层命名的一个地层单位。“赫南特阶”一名最早由 Bancroft(1933)提出,是指奥陶系最顶部产腕足动物群 *Hirnantia* 等的赫南特灰岩;后来,Bassett 等(1966)和 Ingham and Wright (1970)对赫南特阶的定义进行了修改,是指奥陶系最顶部产腕足类 *Hirnantia*,*Dalmanella* 等以及三叶虫 *Dalmanitina* 等动物群的灰岩或泥岩地层。

提议建立“赫南特阶”底界的全球标准层型剖面和点位(金钉子 GSSP)的报告在 2004 年 10 月被国际地层委员会奥陶系分会通过,经过补充和完善,于 2006 年 2 月被国际地质委员会通过,同年 5 月被国际地质科学联合会正式批准。

“赫南特阶”是奥陶系的第 7 个阶,即最顶部的一个“金钉子”,其时限虽短,仅 1.8 百万年,但“赫南特阶”的建立具有重要的意义。它记录了显生宙以来第二大规模的生物灭绝事件(85%的物种灭绝)、南极冰盖扩张导致的气候变冷事件和全球海平面下降事件等(戎嘉余,1984;Sheehan,2001)为全球相关地层的精确对比、全球生物事件和环境事件的研究提供了一个统一的时间标准。

(一)王家湾北剖面成为“赫南特阶”金钉子剖面的原因

“赫南特阶”金钉子剖面确立在中国宜昌王家湾北剖面观音桥层底界之下 0.39m 处。该剖面之所以成为“赫南特阶”的 GSSP,主要有以下几个方面的原因(陈旭等,2006)。

(1)沉积序列和生物地层序列连续。

(2)地层出露完整。

(3)笔石和壳相动物化石丰富、保存良好。

(4)岩相和生物相稳定,具有广泛的对比潜力。

(5)地质构造简单,在王家湾剖面没有断层、褶皱等变形。

(6)界线附近有火山黏土岩,适合于开展同位素测年。

(7)交通便利,便于考察。

(8)生物地层研究程度非常高,并开展了广泛的地层对比;附近剖面开展了深入的碳同位素研究,是良好的地层对比的辅助标志。

(二)地层剖面描述

王家湾剖面位于中国湖北省宜昌市以北 42km 处的王家湾村(N 30°58′56″,E 111°25′10″;图 3-40)。王家湾北剖面从下往上出露五峰组和龙马溪组(图 3-41),两者为整合接触。

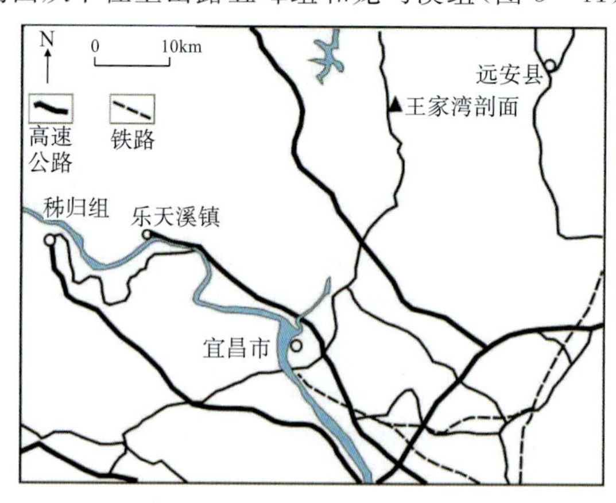

图 3-40　宜昌王家湾剖面交通位置图

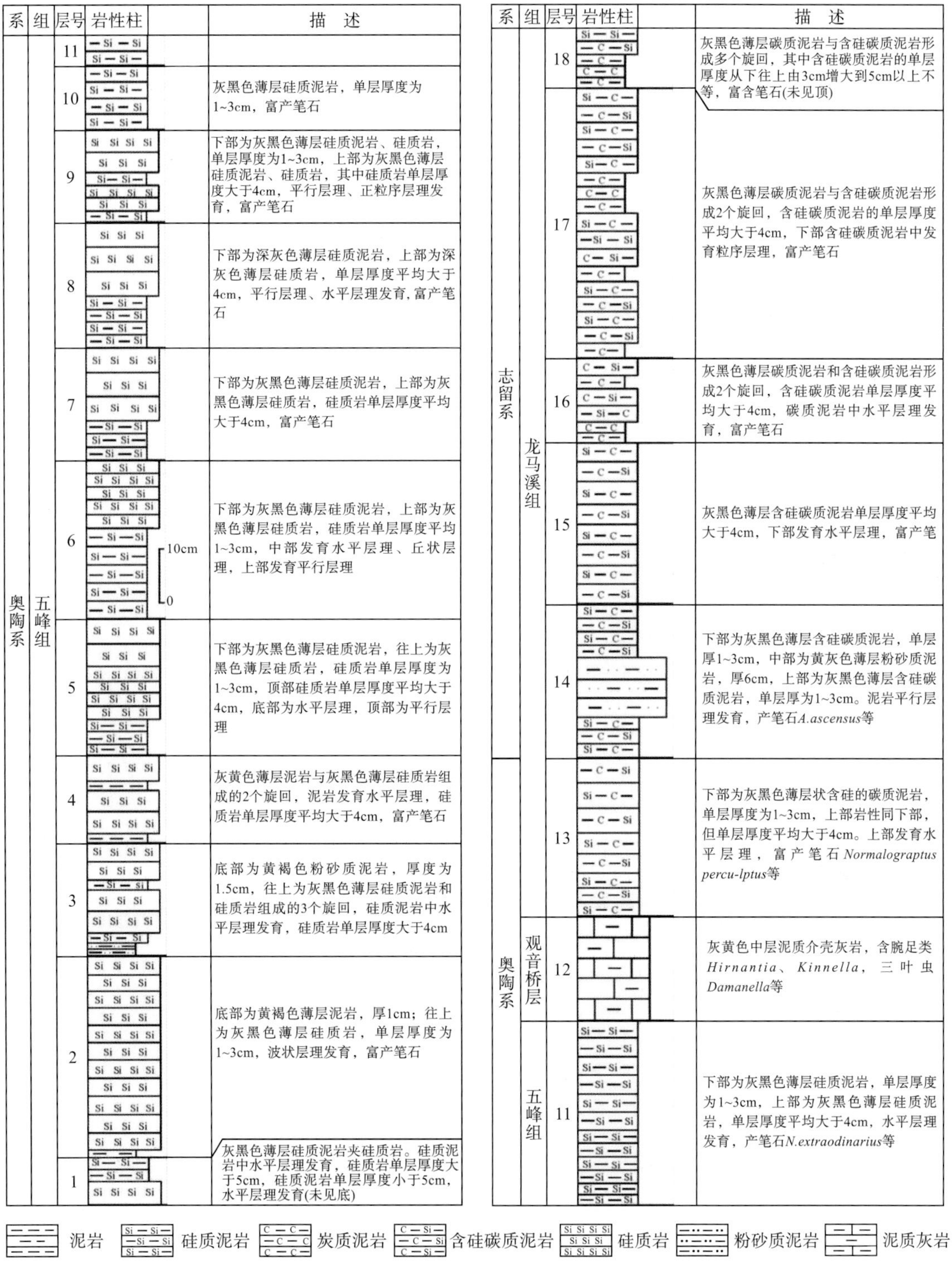

系	组	层号	岩性柱	描述
奥陶系	五峰组	11		
		10		灰黑色薄层硅质泥岩，单层厚度为1~3cm，富产笔石
		9		下部为灰黑色薄层硅质泥岩、硅质岩，单层厚度为1~3cm，上部为灰黑色薄层硅质泥岩、硅质岩，其中硅质岩单层厚度大于4cm，平行层理、正粒序层理发育，富产笔石
		8		下部为深灰色薄层硅质泥岩，上部为深灰色薄层硅质岩，单层厚度平均大于4cm，平行层理、水平层理发育，富产笔石
		7		下部为灰黑色薄层硅质泥岩，上部为灰黑色薄层硅质岩，硅质岩单层厚度平均大于4cm，富产笔石
		6	10cm 0	下部为灰黑色薄层硅质泥岩，上部为灰黑色薄层硅质岩，硅质岩单层厚度平均1~3cm，中部发育水平层理、丘状层理，上部发育平行层理
		5		下部为灰黑色薄层硅质泥岩，往上为灰黑色薄层硅质岩，硅质岩单层厚度为1~3cm，顶部硅质岩单层厚度平均大于4cm，底部为水平层理，顶部为平行层理
		4		灰黄色薄层泥岩与灰黑色薄层硅质岩组成的2个旋回，泥岩发育水平层理，硅质岩单层厚度平均大于4cm，富产笔石
		3		底部为黄褐色粉砂质泥岩，厚度为1.5cm，往上为灰黑色薄层硅质泥岩和硅质岩组成的3个旋回，硅质泥岩中水平层理发育，硅质岩单层厚度大于4cm
		2		底部为黄褐色薄层泥岩，厚1cm；往上为灰黑色薄层硅质岩，单层厚度为1~3cm，波状层理发育，富产笔石
		1		灰黑色薄层硅质泥岩夹硅质岩。硅质泥岩中水平层理发育，硅质岩单层厚度大于5cm，硅质泥岩单层厚度小于5cm，水平层理发育(未见底)

系	组	层号	岩性柱	描述
志留系	龙马溪组	18		灰黑色薄层碳质泥岩与含硅碳质泥岩形成多个旋回，其中含硅碳质泥岩的单层厚度从下往上由3cm增大到5cm以上不等，富含笔石(未见顶)
		17		灰黑色薄层碳质泥岩与含硅碳质泥岩形成2个旋回，含硅碳质泥岩的单层厚度平均大于4cm，下部含硅碳质泥岩中发育粒序层理，富产笔石
		16		灰黑色薄层碳质泥岩和含硅碳质泥岩形成2个旋回，含硅碳质泥岩单层厚度平均大于4cm，碳质泥岩中水平层理发育，富产笔石
		15		灰黑色薄层含硅碳质泥岩单层厚度平均大于4cm，下部发育水平层理，富产笔
		14		下部为灰黑色薄层含硅碳质泥岩，单层厚1~3cm，中部为黄灰色薄层粉砂质泥岩，厚6cm，上部为灰黑色薄层含硅碳质泥岩，单层厚为1~3cm。泥岩平行层理发育，产笔石*A.ascensus*等
		13		下部为灰黑色薄层状含硅的碳质泥岩，单层厚度为1~3cm，上部岩性同下部，但单层厚度平均大于4cm。上部发育水平层理，富产笔石*Normalograptus percu-lptus*等
奥陶系	观音桥层	12		灰黄色中层泥质介壳灰岩，含腕足类*Hirnantia*、*Kinnella*，三叶虫*Damanella*等
	五峰组	11		下部为灰黑色薄层硅质泥岩，单层厚度为1~3cm，上部为灰黑色薄层硅质泥岩，单层厚度平均大于4cm，水平层理发育，产笔石*N.extraodinarius*等

泥岩　硅质泥岩　炭质泥岩　含硅碳质泥岩　硅质岩　粉砂质泥岩　泥质灰岩

图3-41　湖北宜昌王家湾上奥陶统赫南特阶实测剖面柱状图

龙马溪组(O_3-S_1l)

18. 灰黑色薄层碳质泥岩与含硅碳质泥岩形成多个旋回,其中含硅碳质泥岩的单层厚度从下往上由 3cm 增大到 5cm 以上不等,富含笔石(未见顶) 大于 50cm
17. 灰黑色薄层碳质泥岩与含硅碳质泥岩形成 2 个旋回,含硅碳质泥岩单层厚度平均大于 4cm,下部含硅碳质泥岩中发育粒序层理,富产笔石 48cm
16. 灰黑色薄层碳质泥岩和含硅碳质泥岩形成 2 个旋回,含硅碳质泥岩单层厚度平均大于 4cm,碳质泥岩中水平层理发育,富产笔石 17cm
15. 灰黑色薄层含硅碳质泥岩,单层厚度平均大于 4cm,下部发育水平层理,富产笔石 30cm
14. 下部为灰黑色薄层含硅碳质泥岩,单层厚 1~3cm,中部为黄灰色薄层粉砂质泥岩,厚 6cm,上部为灰黑色薄层含硅碳质泥岩,单层厚为 1~3cm。泥岩平行层理发育,产笔石 *A. ascensus* 等 29cm
13. 下部为灰黑色薄层状含硅的碳质泥岩,单层厚度为 1~3cm,上部岩性同下部,但单层厚度平均大于 4cm。上部发育水平层理,富产笔石 *Normalograptus perculptus* 等 30cm

——————— 整合接触 ———————

五峰组(O_3w)

观音桥层(本实习指导书划归五峰组顶部)

12. 灰黄色中层泥质介壳灰岩,含腕足类 *Hirnantia*、*Kinnella*,三叶虫 *Dalmanella* 等。本层被称为观音桥层 20cm
11. 下部为灰黑色薄层硅质泥岩,单层厚度为 1~3cm,上部为灰黑色薄层硅质泥岩,单层厚度平均大于 4cm,水平层理发育,产笔石 *N. extraodinarius* 等 39cm
10. 灰黑色薄层硅质泥岩,单层厚度为 1~3cm,富产笔石 12cm
9. 下部为灰黑色薄层硅质泥岩、硅质岩,单层厚度为 1~3cm,上部为灰黑色薄层硅质泥岩、硅质岩,其中硅质岩单层厚度大于 4cm,平行层理、正粒序层理发育,富产笔石 17cm
8. 下部为深灰色薄层硅质泥岩,上部为深灰色薄层硅质岩,单层厚度平均大于 4cm,平行层理、水平层理发育,富产笔石 23 cm
7. 下部为灰黑色薄层状硅质泥岩,上部为灰黑色薄层硅质岩,硅质岩单层厚度平均大于 4cm,富产笔石 20.5cm
6. 下部为灰黑色薄层硅质泥岩,上部为灰黑色薄层硅质岩,硅质岩单层厚度平均 1~3cm,中部发育水平层理、丘状层理,上部发育平行层理 28.5cm
5. 下部为灰黑色薄层硅质泥岩,往上为灰黑色薄层硅质岩,硅质岩单层厚度为 1~3cm,顶部硅质岩单层厚度平均大于 4cm,底部为水平层理,顶部为平行层理 25cm
4. 灰黄色薄层泥岩与灰黑色薄层硅质岩组成的 2 个旋回,泥岩发育水平层理,硅质岩单层厚度平均大于 4cm,富产笔石 16cm
3. 底部为黄褐色粉砂质泥岩,厚 1.5cm,往上为灰黑色薄层硅质泥岩和硅质岩组成的 3 个旋回,硅质泥岩中水平层理发育,硅质岩单层厚度大于 4cm 20.5cm
2. 底部为黄褐色薄层泥岩,厚 1cm;往上为灰黑色薄层硅质岩,单层厚度为 1~3cm,波状层理发育,富产笔石 37cm
1. 灰黑色薄层硅质泥岩夹硅质岩。硅质泥岩中水平层理发育,硅质岩单层厚度大于 5cm,硅质泥岩单层厚度小于 5cm,水平层理发育(未见底) 大于 10cm

路线七　奥陶纪晚期至二叠纪地层和古生物观察

一、教学路线

基地—五龙—文化—基地

二、教学任务与要求

(1)观察描述奥陶纪晚期至早中志留世地层序列及各组的岩性特征。
(2)观察描述泥盆纪至二叠纪地层序列及各组的岩性特征。
(3)绘制奥陶纪晚期至二叠纪地层序列柱状图。

三、路线内容及观察点

(一)地层序列(图3-42、图3-43)

时代	组名	柱状图	岩性特征
早中志留世	纱帽组		下部为灰绿色(局部紫红色)中厚层状泥质粉砂岩、粉砂岩或细砂岩 中部为灰色、浅灰绿色中厚层状砂岩 上部为厚约4m的灰岩及白云质灰岩
早志留世	新滩组		灰绿色粉砂质泥岩及粉砂岩，局部发育丰富的波痕构造
	龙马溪组		灰黑色、黑色碳质泥岩，局部为灰绿色粉砂质泥岩，下部产丰富的浮游笔石化石
晚奥陶世	五峰组		灰色、灰黑色薄层状硅质岩、硅质泥岩及碳质页岩，产丰富的浮游笔石化石。顶部为厚约10cm的灰黄色泥质灰岩(即观音桥层)，产丰富的底栖腕足化石
	宝塔组		下部为灰色厚层状灰岩，层间夹薄层泥岩。灰岩中发育“收缩纹构造”，产丰富的角石化石。上部为灰色、灰黄色中层“瘤状灰岩”

图3-42　五龙剖面奥陶纪晚期至早中志留世地层柱状图

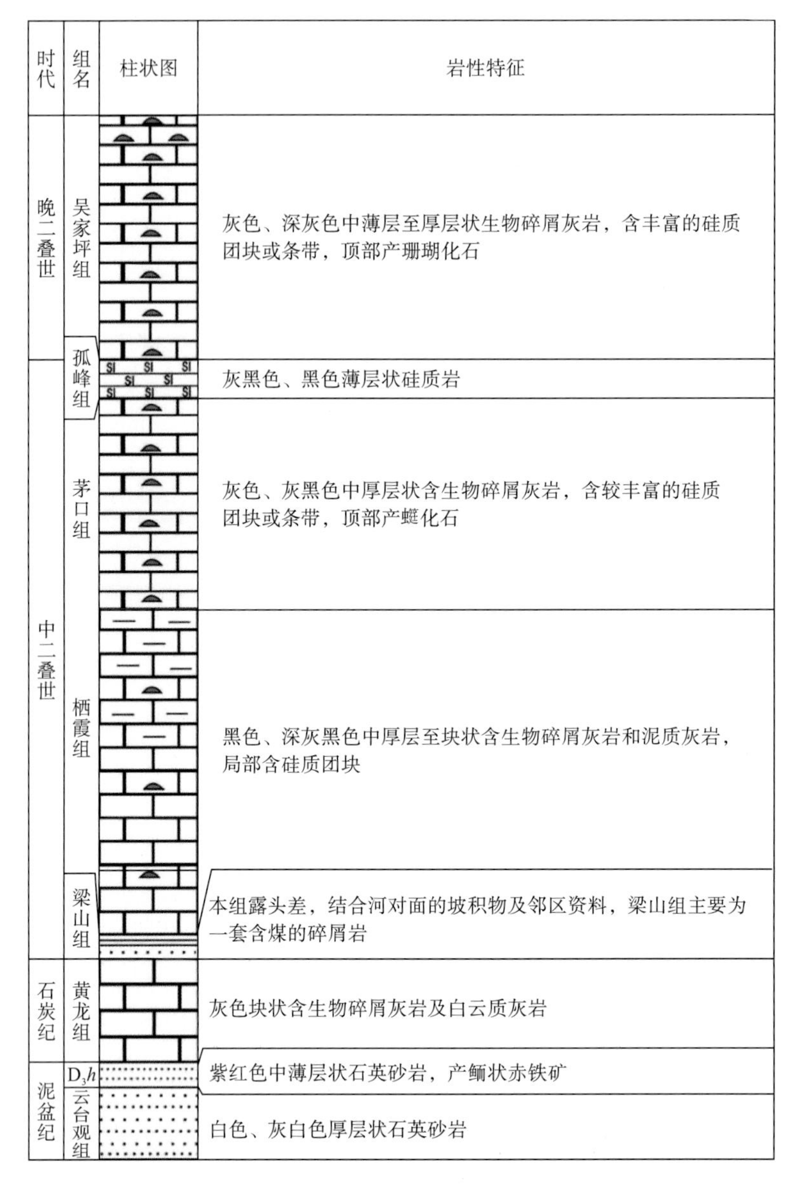

图 3-43　五龙剖面晚古生代地层柱状图

(二)宝塔组(O_3b)

宝塔组下部为灰色厚层状灰岩，层间夹薄层泥岩。灰岩中发育“收缩纹构造”，产丰富的角石化石。上部为灰色、灰黄色中层“瘤状灰岩”。

(三)五峰组(O_3w)

灰色、灰黑色薄层状硅质岩、硅质泥岩及碳质页岩，产丰富的浮游笔石化石。

顶部为厚约 10cm 的灰黄色泥质灰岩(即观音桥层)，产丰富的底栖腕足化石。

参考：在宜昌王家湾剖面，根据笔石化石的分带，将观音桥层顶以上约 30cm 处作为奥陶系与志留系的分界。

(四)龙马溪组(S_1l)

灰黑色、黑色碳质泥岩,局部为灰绿色粉砂质泥岩,下部产丰富的浮游笔石化石。

(五)新滩组(S_1s)

灰绿色粉砂质泥岩及粉砂岩,局部发育丰富的波痕构造。

参考:本剖面新滩组在产出层位上大致相当于罗惹坪组,或与罗惹坪组呈上下关系。与新滩组不同,罗惹坪组一般夹多层灰岩。

(六)纱帽组(S_1sh)

下部为灰绿色(局部紫红色)中厚层状泥质粉砂岩、粉砂岩或细砂岩。

中部为灰色、浅灰绿色中厚层状砂岩。

上部为厚约4m的灰岩及白云质灰岩。

参考:纱帽组与上覆云台观组之间缺失了中晚志留世至泥盆纪早期的沉积,但两者产状基本一致,因此它们之间呈平行不整合接触关系。

(七)云台观组(D_2y)

白色、灰白色厚层状石英砂岩。

(八)黄家磴组(D_3h)

紫红色中薄层状含铁质石英砂岩,产鲕状赤铁矿(图3-44)。本组有覆盖。

图3-44　泥盆纪黄家磴组含鲕状赤铁矿的石英砂岩,暗色具同心状构造的为鲕状赤铁矿,白色部分为石英颗粒

（九）黄龙组（C_2h）

灰色、深灰色块状含生物碎屑灰岩及白云质灰岩。

参考：黄龙组与下伏黄家磴组之间至少缺失了石炭纪早期的沉积，但两者产状基本一致，因此它们之间呈平行不整合接触关系。

（十）梁山组（P_2l）

本组露头差，结合河对面的坡积物及邻区资料，梁山组主要为一套含煤的碎屑岩。

参考：结合区域资料分析，梁山组与下伏黄龙组之间可能存在地层缺失，但两者产状基本一致，因此它们之间呈平行不整合接触关系。

（十一）栖霞组（P_2q）

黑色、深灰黑色中厚层至块状含生物碎屑灰岩和泥质灰岩，局部含硅质团块。

（十二）茅口组（P_2m）

灰色、灰黑色中厚层状含生物碎屑灰岩，含较丰富的硅质团块或条带，顶部产蜓化石。

（十三）孤峰组（P_2g）

灰黑色、黑色薄层状硅质岩。由于破碎风化，本组呈负地形。

（十三）吴家坪组（P_3w）

灰色、深灰色中薄层至厚层状生物碎屑灰岩，含丰富的硅质团块或条带，顶部产珊瑚化石。

（十四）大冶组（T_1d）

底部覆盖，结合区域资料，推测可能为泥岩或泥质灰岩。向上主体为灰色、灰白色薄层状灰岩，生物化石极其少见。

参考：二叠纪末，发生了全球性的生物灭绝事件，因此早三叠世地层中生物化石非常少。

四、教学进程及注意事项

（1）学生提前预习地史中有关华南奥陶纪、志留纪、泥盆纪、石炭纪、二叠纪及早三叠世地层序列及各组岩性特征。

（2）志留纪地层观察完成后，教师总结一下早古生代部分的地层序列，分析加里东构造运动在地层中留下的记录。

（3）带水、带饭。

五、专题研究及思考

（1）观音桥层与上下笔石页分别代表什么样的海洋环境？

（2）志留纪由龙马溪组碳质泥岩到纱帽组砂岩，水深变化情况如何？有何证据？

（3）茅口组结束后，突然出现孤峰组的薄层硅质岩，反映了什么样的沉积环境变化？

（4）为什么岩石地层单位界线与年代地层及生物地层单位界线不完全一致？

路线八　晚古生代二叠纪地层和古生物观察

一、教学路线

基地—吕家坪隧道西北出口—链子崖村—吕家坪隧道西北出口—基地

二、教学任务及要求

(1)了解中二叠世茅口组至晚二叠世吴家坪组地层序列,初步掌握不同类型灰岩的特征。

(2)观察硅质团块的产出状态,并进行野外素描。

(3)绘制中、晚二叠世地层平行不整合接触关系的信手地层剖面。

三、路线内容及观察点

(一)地层序列(图 3-45)

(二)茅口组(P_2m)

华南中二叠世晚期大致可以分为两种不同的沉积相类型。茅口组主要为一套富含生物化石或生物碎屑的碳酸盐沉积,代表浅海碳酸盐台地环境。孤峰组主要为一套硅质岩沉积,可含放射虫或海绵骨针化石,代表相对深水的盆地沉积。茅口组与孤峰组既可以为同期异相关系,也可以在同一剖面上呈上下关系。

本路线上的茅口组下部以深灰色、灰黑色中厚层至块状硅质团块生物碎屑灰岩为主,上部以深灰色至浅灰色厚层至块状生物碎屑灰岩为特征,局部发育蜓灰岩和叶状藻灰岩。受后期成岩作用影响,局部层位发育白云岩或白云质团块灰岩。

茅口组中生物化石极其丰富,但大部分生物化石或碎片需要借助显微镜才能鉴定。这些化石主要包括不同类型的钙藻和有孔虫。野外露头可以观察到的生物化石也十分丰富,主要化石有海百合茎碎屑、苔藓虫、海绵和蜓等(图 3-46)。

茅口组上部化石最为丰富,是进行野外化石观察的理想层位。主要观察内容包括以下几个方面。

(1)海百合茎碎屑灰岩:海百合碎片的单晶特征、形态、大小、含量。

(2)海绵化石:海绵化石形态、结构、大小、含量。

(3)白云岩团块:颜色、结构、产出状态。

(4)蜓灰岩:蜓化石类型、大小和含量,蜓灰岩颜色、结构和构造。

(5)叶状藻灰岩:叶状藻的形态、结构和保存状态等。

(三)龙潭组(P_3l)

典型的龙潭组为一套含煤的碎屑岩沉积。本路线上,茅口组灰岩之上出现一套厚约1.4m的土黄色、局部紫红色泥岩夹砂岩和灰岩砾石沉积。其总体沉积特征与华南晚二叠世早期的龙潭组类似,代表“东吴运动”后的一套碎屑岩沉积。需要注意的是,由于本路线上看到的这一碎屑岩段厚度小,且不含煤系或煤层,与龙潭组典型的含煤碎屑岩沉积仍有所区别,因此也可

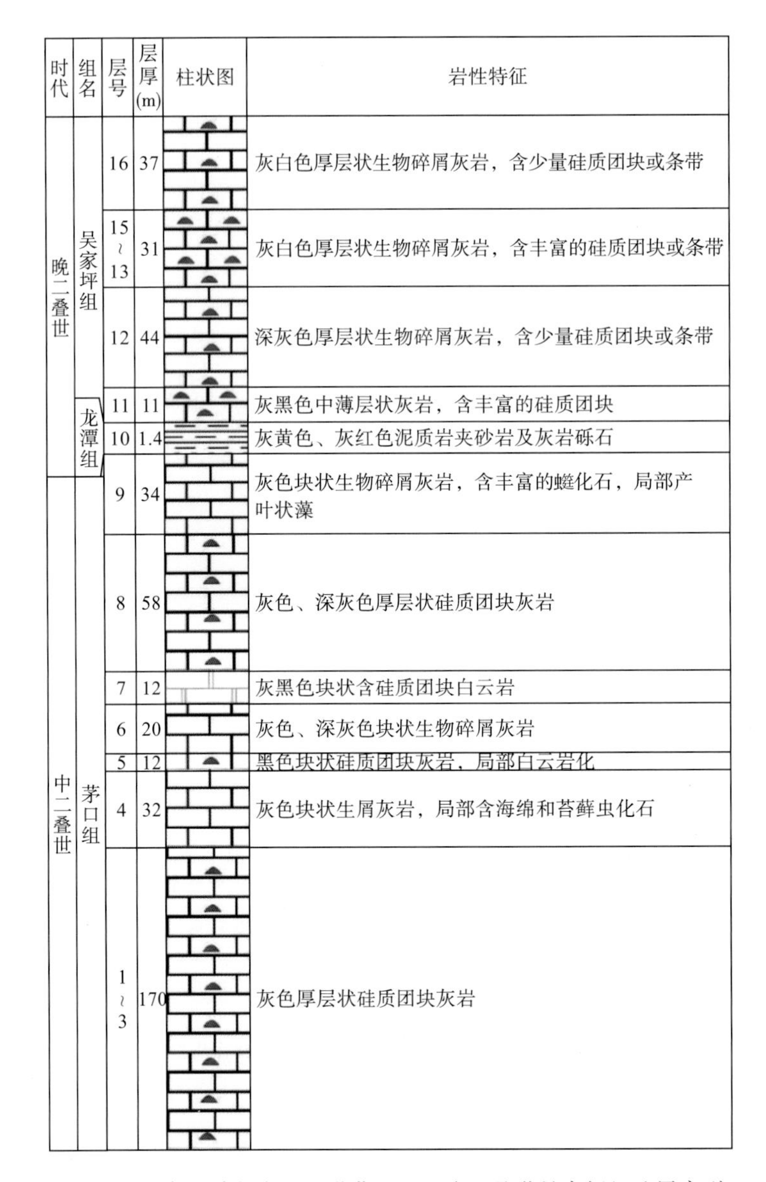

图 3-45　湖北秭归中二叠世茅口组至晚二叠世吴家坪组地层序列

将该段地层划归吴家坪组下部的“碎屑岩段”。由于受“东吴运动”的影响，吴家坪组与下伏茅口组之间一般被认为是平行不整合接触关系（图 3-47）。

主要观察内容包括以下几方面。

（1）茅口组与龙潭组之间接触关系观察，接触关系类型分析。

（2）古风化壳观察描述。

（四）吴家坪组（P_3w）

吴家坪组的时代既可以是晚二叠世早期，也可以是整个晚二叠世。吴家坪组与龙潭组的区别在于前者以海相碳酸盐岩为主，后者则以海陆交互相含煤的碎屑岩沉积为主。吴家坪组与长兴组的区别在于前者常常含有丰富的硅质团块，而后者则少含或不含硅质团块。本路线

图 3-46 野外可见的茅口组主要生物化石

(a)、(b)海绵化石(野外照片);(c)新稀瓦格蜓化石 *Neoschwagerina*(镜下照片);(d)费伯克蜓 *Verbeekina*(镜下照片)

图 3-47 茅口组与龙潭组之间接触关系(野外照片)

上看到的吴家坪组总体为中层状硅质团块灰岩，局部层位硅质团块含量高达45%(图3-48)。

图3-48　吴家坪组硅质团块灰岩(野外照片)

与本路线上的茅口组相比，吴家坪组灰岩中虽然仍有丰富的生物化石碎屑，但大型蜓类化石已经消失，海绵化石也明显减少，局部层位可见较丰富的腕足化石。

本组地层露头良好，是硅质团块野外特征及茅口组与吴家坪组之间接触关系的重要观察点。主要观察内容包括以下几方面。

(1)吴家坪组硅质团块灰岩观察：团块的颜色、结构、形态、大小和含量描述，素描。

(2)吴家坪组灰岩特征观察：颜色、结构和化石，注意与茅口组灰岩的区别。

四、教学进程及注意事项

(一)教学进程

(1)教师提前一天提醒学生预习华南二叠纪地史及地层序列。

(2)教师在剖面起点，简要介绍任务、目的和要求。

(二)注意事项

(1)由于生物碎屑灰岩中蜓等化石微小，需要每位同学和老师带上放大镜。

(2)不要在危险处采集标本。

(3)带水。

五、专题研究及思考

(1)碳酸盐岩中钙藻和有孔虫化石组合特征及沉积微相。

(2)东吴运动对中晚二叠世浅海台地环境生物群的影响。

路线九　中三叠世—中侏罗世地层序列观察

一、教学路线

基地—文化村—金鸡沟桥—王家岭隧道—基地

二、教学任务及要求

(1)了解中三叠世巴东组—中侏罗世千佛崖组地层序列，初步掌握不同碎屑沉积岩的特征。

(2)观察平行不整合接触面和底砾岩特征及多种沉积构造，并进行野外素描。

(3)实测部分千佛崖组地层剖面，并绘制剖面图。

三、路线内容及观察点

(一)地层序列

实习区三叠纪—侏罗纪的碎屑岩地层发育，自下而上为中三叠统巴东组、上三叠统九里岗组、下侏罗统桐竹园组和中侏罗统千佛崖组等(图 3-49)。

(二)巴东组(T_2b)

巴东组底部以角砾灰岩、泥灰岩与早三叠世大冶组为界，整体岩性以泥灰岩、杂色泥页岩和粉砂岩为主，颜色呈浅紫红色—褐红色夹黄绿色，中薄层或细纹层状。本路线要观察巴东组与大冶组的接触关系，巴东组整体出露较差，以岩性观察和描述为主。

(三)九里岗组(T_3j)

九里岗组与巴东组呈整合接触[图 3-50(a)]，整体岩性为一套含煤碎屑岩系，以砂岩、粉砂岩、泥岩和鲕粒铝质泥岩-粉砂岩为主。颜色为灰黑色—灰绿色，可见中—厚层砂岩，泥页岩中可见大量植物化石碎片，铝质泥岩呈灰白色，可见菱铁矿鲕粒，多风化呈铁锈色斑点。主要观察内容如下。

(1)九里岗组与巴东组的接触关系。

(2)九里岗组砂泥岩沉积序列。

(四)桐竹园组(J_1t)

桐竹园组底部以中厚状砾岩为特征，覆盖于九里岗组砂岩[图 3-50(b)]或黑色泥岩[图 3-50(c)]之上，为冲刷面接触。砾石包括硅质岩、石英砂岩、石英岩、脉石英等，为次棱角—次磨圆状，砾径在 2～10cm 之间，砾间为粗粒石英砂岩，多呈杂基支撑，局部为颗粒支撑。扁平状砾石呈叠瓦状组构[图 3-50(d)]，结合岩层产状可指示古水流方向。该套砾岩厚约 10m，向上厚度逐渐变小，多与中厚层砂岩互层，呈透镜状产出。

底砾岩之上，桐竹园组岩性以中厚层砂岩和黑色泥岩互层为特征[图 3-51(a)]，可见多层煤线[图 3-51(b)]，植物化石碎片丰富，有保存完好的古叶片和根茎等化石。砂岩沉积构造以槽状交错层理为主[图 3-51(c)、(d)]。

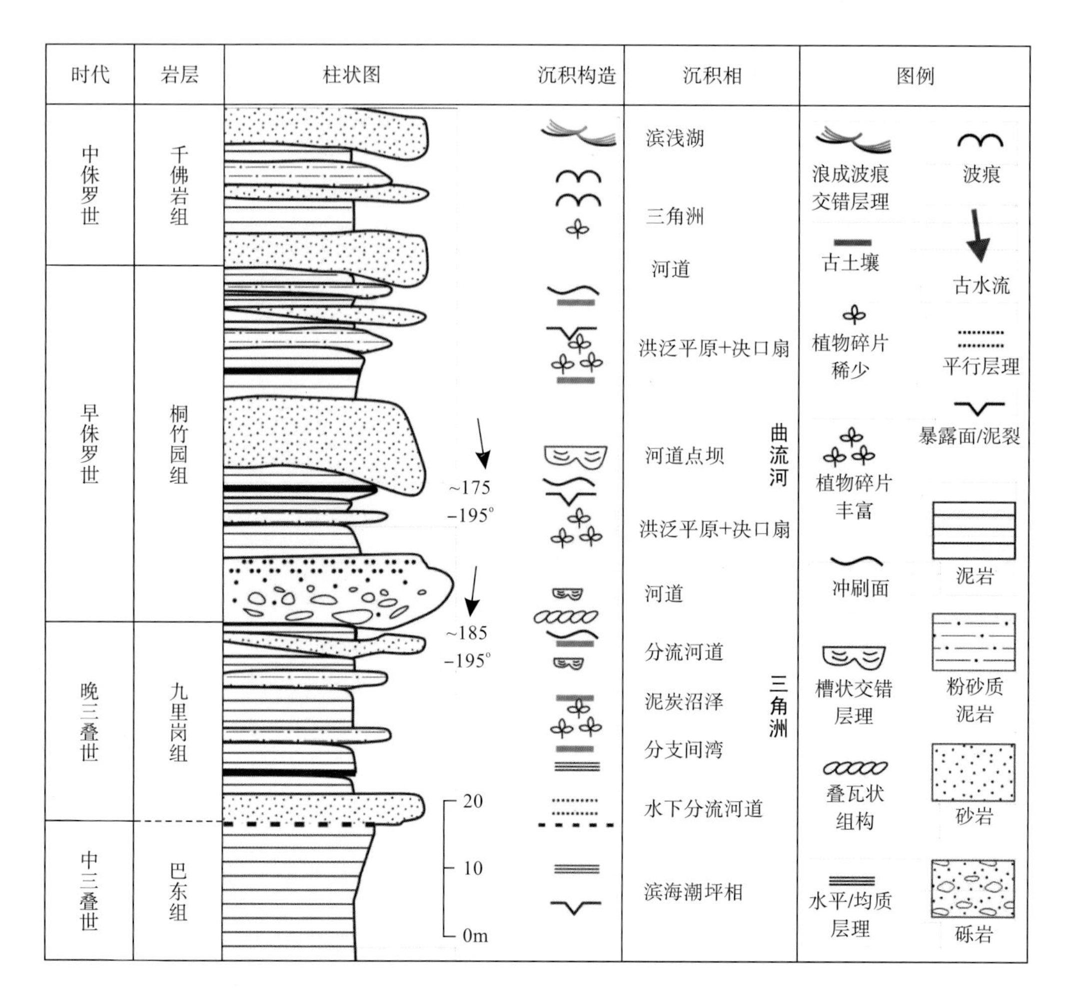

图 3-49　湖北秭归中三叠世巴东组至中侏罗世千佛崖组地层序列

桐竹园组发育较好的河流沉积构造和沉积序列，包括点沙坝的侧向加积、槽状交错层理、河道冲刷面、决口扇粉砂和细砂沉积、洪泛平原泥页岩沉积等。主要观察以下内容。

（1）桐竹园组与九里岗组的冲刷接触界线。

（2）桐竹园组底部砾岩组成和结构构造特征及古水流标志。

（3）桐竹园组河流沉积构造和沉积序列。

（五）千佛崖组（J_2q）

千佛崖组与桐竹园组为整合接触。千佛崖组底部为青灰色砂岩与灰色泥岩互层，中厚层状砂岩底部多发育冲刷面，向上出现黑色泥岩和中薄层状砂岩，可见对称波痕[图 3-52(a)]，上部以紫红色泥岩、粉砂岩和灰色砂岩为主，厚层—巨厚层状砂岩交错层理发育[图 3-52(b)]。千佛崖组主要为湖泊相沉积，包括滨浅湖砂岩和紫红色泥岩。主要观察以下内容。

（1）滨浅湖相砂岩-泥岩。

（2）浪成交错层理。

图 3-50　九里岗组与巴东组和九里岗组与桐竹园组接触界线

图 3-51　桐竹园组沉积特征

(a)砂岩和泥岩互层；(b)中薄层泥岩—粉砂岩中的煤线；(c)河道沉积底部的冲刷面和侧向加积序列；(d)河道的侧向加积序列

图 3-52 千佛崖组沉积特征

四、教学进程及注意事项

(一)教学进程

(1)教师提前一天提醒学生预习华南中三叠世—侏罗纪地史及地层序列。

(2)教师在剖面起点,简要介绍任务、目的和要求。时间约 5 分钟。

(3)教师在剖面起点,简要介绍华南特别是扬子北缘中三叠世—侏罗纪地层序列及地史演化。时间约 10～20 分钟。

(4)中三叠统巴东组 1 个观察点。时间约 30 分钟。

(5)下侏罗统桐竹园组 2 个观察点。时间约 60 分钟。

(6)中侏罗统千佛崖组 2 个观察点。时间约 60 分钟。

(二)注意事项

(1)由于要进行剖面实测,需要每位同学和老师带上测尺、罗盘等。

(2)不要在危险处采集标本。

(3)带水和午饭。

五、专题研究及思考

(1)三角洲-河流-湖泊碎屑沉积序列和沉积构造特征。

(2)华南北缘三叠纪—侏罗纪沉积记录对造山运动及古气候变化的指示意义。

(3)华南从碳酸盐岩到碎屑沉积转变的时间和方式及其与印支造山运动的关系。

(4)三叠纪—侏罗纪沉积序列岩性组合变化多样,所涉及沉积环境如何演化?

路线十　长阳清江构造地质和寒武纪—奥陶纪地层观察

一、教学路线

基地—长阳白氏桥南—肖家台—白氏坪村南—基地

二、教学任务及要求

(1)观察描述寒武纪—奥陶纪地层序列。

(2)学习断层和褶皱观测的基本方法。

(3)观察描述白氏桥南—肖家台—白氏坪村南沿途构造发育。①根据出露地层和地层产状的系统变化，了解长阳复背斜北翼寒武系—奥陶系褶皱样式及断裂构造发育。②观察分析岩石能干性、层厚等对褶皱样式的影响。③分析构造发育的序次。④作路线信手剖面图。

三、路线主要内容及观察点

路线位于长阳县东约2km处，由南向北，起点自清江北岸，经肖家台至白氏坪村村口。区域构造位置位于长阳近东西向复式背斜的北翼，构造线方向为近EW向，主控应力为近SN向。

路线出露地层包括上震旦统灯影组(Z_2d)、中寒武统天河板组($\in_2t$)、覃家庙组($\in_2q$)、上寒武统—下奥陶统娄山关组($\in_3O_1l$)、下奥陶统南津关组(O_1n)、分乡组(O_1f)、红花园组(O_1h)和大湾组(O_1d)。

沿途构造形迹以褶皱及断层为主(图3-53)，总体为近东西向的箱状等厚褶皱，背、向斜呈连续的线状平行排列，向斜宽缓开阔，背斜相对紧闭，组合型式呈类侏罗山式。断裂构造类型多样，按与区域构造线方向关系有纵向断裂和斜向断裂；按运动形式发育有平移断层、逆断层和正断层。褶皱构造可能主要奠基于晚三叠世—早侏罗世，断层构造则是印支期、燕山期和喜马拉雅期多期构造活动的产物。

(一)白氏桥南侧白氏桥断层及两盘系列小构造观察点

1. 白氏桥断层观测

白氏桥断层以1～4m宽的破碎带形式出现(图3-54)。破碎带总体产状F：230°∠70°，245°∠65°；主断面上擦痕产状(La)：150°/10°。带内有压扁面陡倾的白云岩组成的大型构造透镜体；有薄层泥质条带灰岩组成的揉皱带；局部可见由黄色、灰色、褐色构造角砾岩，碎粒岩，碎粉岩组成的斑杂色角砾岩-碎裂岩带(图3-55)。上盘为震旦系灯影组(Z_2d)浅灰色厚层-块状白云岩，岩层产状(S_0)：354°∠67°，偶见薄层白云质灰岩。下盘为寒武系天河板组($\in_2t$)浅灰色、深灰色薄层状泥质条带灰岩夹中层状灰岩，岩层产状(S_0)：355°∠67°。二者之间缺失地层包括寒武系岩家河组($\in_1y$)、水井沱组($\in_2s$)和石牌组($\in_2sh$)。根据主断层和擦痕产状、主断面上的正阶步等现象判断，白石桥断层为一条左旋平移断层(图3-56、图3-57)。

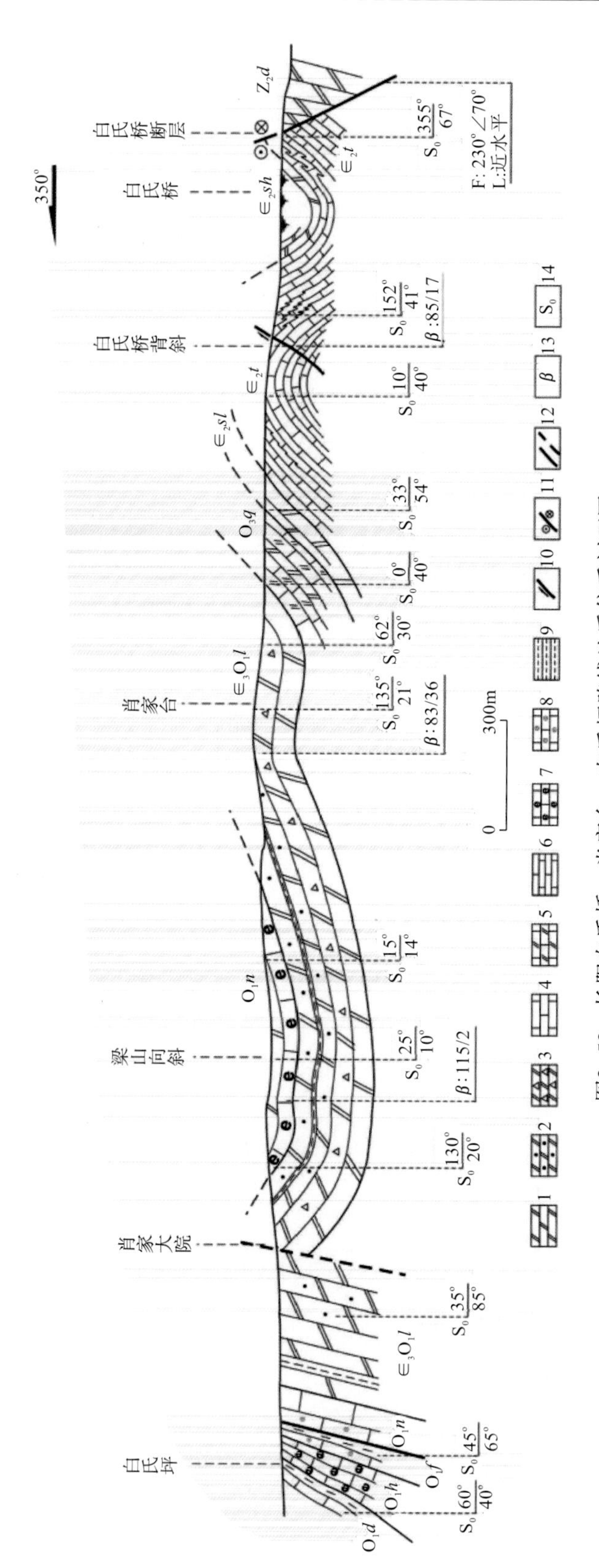

图3-53 长阳白氏桥—肖家台—白氏坪路线地质信手剖面图

1.白云岩；2.砂质白云岩；3.角砾白云岩；4.灰岩；5.白云质灰岩；6.薄层条带状灰岩；7.生物碎屑灰岩；8.鲕状灰岩；9.薄层泥质岩；10.逆断层；11.平移断层；12.性质不明断层及推测断层；13.褶皱枢纽；14.层理

图 3-54 湖北省长阳县白石桥左旋平移断层

图 3-55 白石桥断裂破碎带内斑杂色调构造角砾岩，注意主断层面上的近水平擦痕

图 3-56 灯影组中顺层脆韧性剪切变形带，变形带截切早期方解石充填的裂隙

图 3-57　白石桥断裂主断层面上的近水平擦痕及阶步，指示左旋平移运动

2. 白石桥断层南西盘灯影组中顺层剪切变形构造观测

白石桥断层南西盘为震旦系灯影组(Z_2d)浅灰色厚层-块状白云岩，岩层产状(S_0)：354°∠67°。其中发育系列顺层剪切面，并可见约 30cm 宽的顺层脆韧性剪切变形带(图 3-58)。剪切面上线理近水平，测有擦痕线理产状(L)：298°/6°。根据近水平擦痕和正阶步，反映为左行顺层剪切滑动(图 3-58、图 3-59)。

图 3-58　灯影组中顺层脆韧性剪切变形带滑动面上近水平擦痕及正阶步，指示左旋平移

图 3-59　灯影组中波状起伏的大型顺层剪切滑动面上的近水平擦痕

该组顺层剪切变形构造被白石桥断裂截切，其形成时代早于白石桥断层的发育。

3. 白石桥断层南西盘灯影组中的节理构造观测

灯影组(Z_2d)浅灰色厚层-块状白云岩中节理构造十分发育，并被系列方解石充填。方解石脉的组合形式有平行式、雁列式和火炬式。体现统一构造应力场的产物(测量各种脉体产状，判断节理的力学性质，并分析其产生的构造应力场)(图 3-60、图 3-61)。

图 3-60　灯影组白云岩中的方解石充填的节理构造，呈平行或雁行式排列

图 3-61 灯影组白云岩中的方解石充填的火炬状节理

系列脉体被顺层剪切变形所切割，反映其形成早于顺层剪切变形，但是这些脉体又被一组近南北向高角度剪节理截切，因此，其形成应早于近南北向的剪节理(图 3-62)。

图 3-62 晚期近南北向剪节理切割早期方解石充填的裂隙系统

4. 白石桥断层北东盘天河板组($\in_2t$)中的不对称褶皱构造

白石桥断层北东盘天河板组($\in_2t$)为一套浅灰色、深灰色薄层状泥质条带灰岩夹中层状灰岩，主体岩层产状(S_0)：355°∠67°。受顺层剪切变形影响发育系列不对称褶皱构造，不对称褶皱反映的物质运动方向为逆向顺层剪切滑动，受顺层剪切滑动影响，相对能干岩层发生透镜体化。

(二)白石桥北侧白石桥背斜观察点

该点出露寒武系天河板组($\in_2t$)浅灰色、深灰色薄层状泥质条带灰岩夹中厚层状灰岩组成的直立倾伏褶皱(图 3-63)。由中厚层状灰岩组成圆柱状能干层褶皱转折端。南翼产状(S_0)：152°∠41°；北翼产状(S_0)：10°∠40°。枢纽产状(Lb)：85°/19°。轴面近东西向，近于直立。能干层上、下薄层泥质条带灰岩为非能干层，发育一系列寄生褶皱。南翼见大量 S 型寄生褶皱和复式 S 型寄生褶皱(图 3-64)；北翼发育 Z 型寄生褶皱(图 3-65)和膝褶带，还可见到顺层滑动形成的箱状褶皱和与其共生的共轭膝褶带(图 3-66)。

图 3-63　白石桥背斜

(三)白石桥背斜观测点北侧中晚寒武世地层单元序列及滑脱型顺层断层观察

1. 天河板组($\in_2t$)与石龙洞组($\in_2sl$)整合接触观测点

点南侧出露天河板组($\in_2t$)灰色薄层状灰岩夹中厚层状灰岩组合，岩石新鲜面深灰色，细晶结构，薄—中厚层构造，单层厚度 30～50cm，主要矿物成分为细晶方解石，约占 95%，泥质、粉砂质少许。岩石具贝壳状断口、致密，小刀可刻动。薄层状泥质条带灰岩发育 Z 型寄生褶皱。

点北出露石龙洞组($\in_2sl$)深灰色至褐色中—厚层状白云岩与深灰色薄层状白云岩组合，岩石新鲜面深灰色—褐色，细晶结构，薄—中厚层构造，主要成分为细晶白云石，含量约 90%。

上述两套地层整合接触，接触面处层理产状：0°∠40°。沿路线向北方向岩层厚度呈厚—薄—厚变化。

图 3-64　白石桥背斜南翼典型 S 型褶皱(左)和复式 S 型褶皱(右)

图 3-65　白石桥背斜北翼 Z 型寄生褶皱

图 3-66 白石桥背斜北翼寒武系天河板组薄层灰岩顺层滑脱形成的箱状褶皱和共轭膝褶带

图 3-67 向北的顺层正向滑脱造成岩层的减薄和缺失

沿公路向北 30m，为石龙洞组深灰色至褐色中—厚层状白云岩与深灰色薄层状白云岩组合($\in_2sl$)，地层产状(S_0)：15°∠50°。

2. 石龙洞组($\in_2sl$)与覃家庙组($\in_3q$)整合接触观测点

南侧石龙洞组($\in_2sl$)为深灰至褐色中—厚层状白云岩与深灰色薄层状白云岩组合。

北侧覃家庙组($\in_3q$)为灰色—深灰色薄层状白云岩、白云质灰岩，夹少量泥岩。

石龙洞组与覃家庙组为整合接触。

继续北行约 100m，均为覃家庙组($\in_3q$)灰色—深灰色薄层状白云岩、白云质灰岩，夹少量泥岩。层理产状测有(S_0)：4°∠49°。

覃家庙组($\in_3q$)灰色—深灰色薄层状白云岩、白云质灰岩中发育系列顺层滑脱型断层破碎带，破碎带产状与层理近平行，单条滑脱带宽几厘米至十余厘米不等，滑脱变形造成岩层的减薄和缺失(图 3-67)。

3. 覃家庙组($\in_3q$)与娄山关组($\in_3O_1l$)界线点(白石桥背斜观测点北约行 300m 处)

南侧覃家庙组($\in_3q$)为灰色—深灰色薄

层状白云岩、白云质灰岩，风化面灰色，新鲜面深灰色，细晶结构，中薄层构造。主要由细晶方解石组成，含量约80%，白云石含量约15%，局部偶见“刀砍纹”。层理产状(S_0)：4°∠49°。

北侧娄山关组($\in_3O_1l$)为浅灰色厚层状白云岩和角砾状白云岩组合。浅灰色厚层状白云岩，岩石新鲜面浅灰色，细晶结构，厚层状构造，主要成分为细晶白云石，含量约90%。角砾状白云岩，角砾多呈棱角状、次棱角状，钙质胶结(图3-68)。

覃家庙组($\in_3q$)与娄山关组($\in_3O_1l$)为整合接触。

图3-68　娄山关组角砾状白云岩(据葛孟春等，2003)

(四)梁山复式向斜构造观测

肖家台—肖家大院之间发育开阔向斜构造，核部地层为下奥陶统南津关组厚层状灰岩、灰质白云岩(O_1n)，两翼对称出露上寒武统—下奥陶统娄山关组($\in_3O_1l$)厚层状白云岩。褶皱总体开阔平缓，南翼代表性地层产状(S_0)：25°∠10°，北翼代表性地层产状(S_0)：130°∠25°；转折端代表性地层产状115°∠2°，总体为直立水平褶皱。

复式向斜内部被系列波状次级褶皱复杂化，其中南翼肖家台一带发育次级褶皱构造。靠南侧为由娄山关组组成的肖家台次级向斜，向斜由娄山关组上部岩层组成向斜核部，娄山关组下部地层组成两翼。南翼产状(S_0)：50°∠25°；北翼产状(S_0)：135°∠21°；转折端部位产状90°∠17°，代表枢纽产状。轴面近东西向直立，为一个舒缓开阔的直立倾伏向斜。

靠北侧发育肖家台北次级背斜，由娄山关组下部地层组成背斜核部，娄山关组上部地层组成背斜南翼，南翼产状(S_0)：135°∠21°；娄山关组上部和南津关组组成北翼，北翼地层产状(S_0)：30°∠42°。转折端部位产状为85°∠36°，代表枢纽产状。轴面近东西向直立。是一个舒缓开阔的直立倾伏背斜。

(五)白氏坪村南晚寒武世—早奥陶世地层序列观察描述

该处约600m范围为陡倾地层带，地层总体高角度倾向北，发育若干早奥陶世岩石地层单元，由南向北地层变新，依次发育上寒武统—下奥陶统娄山关组($\in_3O_1l$)，下奥陶统南津关组

(O_1n)、分乡组(O_1f)、红花园组(O_1h)和大湾组(O_1d)。

上寒武统—下奥陶统娄山关组$(\in_3O_1l)$：灰色厚层状白云岩、砂屑白云岩。

下奥陶统南津关组(O_1n)：灰色厚层状灰岩、角砾状灰岩、灰质白云岩及鲕状灰岩。

下奥陶统分乡组(O_1f)：灰色中薄层状生物碎屑灰岩、鲕状灰岩夹泥岩、页岩。含舌形贝化石。

下奥陶统红花园组(O_1h)：灰色中薄层状生物碎屑灰岩。

下奥陶统大湾组(O_1d)：灰色—灰绿色中厚层状泥质灰岩夹灰绿色泥岩、页岩。区域上发育瘤状灰岩，含扬子贝化石。

陡倾地层带与南部的梁山平缓开阔向斜构造之间为第四系覆盖，但宏观上表现出构造不协调现象，主要表现为产状的突变，即由南侧的平缓倾向南东突变为北侧的高角度倾向北或近直立产状，推测其间存在大型断裂构造，在地貌上则表现为近东西向的线性沟谷带（图3-53）。

四、教学进程及注意事项

（一）教学进程

（1）教师提前一天提醒学生预习震旦纪—奥陶纪地层序列。复习侏罗山式褶皱、寄生褶皱，以及褶皱、断层产状要素的收集。

（2）教师在剖面起点，简要介绍任务、目的和要求。介绍区域滑脱构造特征与当日路线剖面的褶皱在长阳复式背斜中北翼的构造部位。

（3）中午12:00前完成白石桥断层、白石桥背斜的素描和产状要素数据收集以及寒武纪地层系统的观察描述，午饭后完成向斜构造及奥陶纪地层系统的观察描述。

（二）注意事项

（1）路线剖面沿着公路，需要有专人提醒学生注意安全。

（2）要求学生做信手剖面，连续测量岩层产状。

（3）注意培养学生构造分析的方法，特别是构造变形组合及其分期配套。

（4）本路线需要1.5个小时左右才能到达工作区，需要带午饭和饮用水。

五、专题研究及思考

（1）岩性、岩层厚度与岩石能干性的关系，以及岩石能干性对于变形强度和变形特征的影响。

（2）褶皱构造样式及定量统计分析（β图解、π图解）。

（3）断裂构造组合及断层期次划分。

（4）构造组合及构造变形序次划分。

第四章　教学程序及实习成绩评定

针对秭归实践教学的目标并遵循教学实习大纲要求，对实习阶段划分、各阶段主要教学内容和教学要求，以及实习成绩评定标准给予说明，旨在师生能明确秭归实践教学活动的性质、目的和任务，以便实习顺利有序进行。

第一节　实习目的及实习阶段划分

一、实习目的

秭归实践教学实习是在地质学本科生完成周口店综合野外地质调查基本训练的基础上，依据理论和实践相结合的原则，使学生能够系统对比扬子板块与华北板块地层的差异及共性，让学生在进一步熟练野外地质技能的同时，培养地质科学思维能力，为后续的地质科研工作打下基础。

秭归实践教学实习侧重于培养学生理论联系实践解决具体科学问题的能力，对学生地质思维能力的锻炼始终放在首位，努力使学生具有开拓创新和科学研究意识，为后续课程的教学及新型人才的健康成长奠定良好基础。同时，秭归实践教学实习也注重对学生综合素质的提高，培养学生艰苦奋斗、求真务实、团结协作、遵纪守法和吃苦耐劳的精神，充分体现出我校办学的传统与特色。

二、实习阶段划分

秭归实践教学实习共 2 周，分为 4 个阶段进行教学活动。

(1)实习动员及准备阶段，1 天。

(2)认知教学(路线地质教学)阶段，7 天。

(3)独立专题研究阶段，3 天。

(4)专题报告编写及考查阶段，3 天。

第二节　各阶段主要教学内容和教学要求

一、实习动员及准备阶段

实习动员由实习队长和带班教师负责，具体内容包括以下几点。

(1)带班教师引导学生认真学习实习大纲，明确实习目的、任务和要求，以及各教学阶段主要教学内容、教学要点、考核评分标准等。强调实习规章制度和注意事项，尤其是学习纪律、安全纪律和保密纪律。

(2)实习队长详细介绍实习区地理概况、区域地质背景和区内地质研究现状，使学生对研究区的地质概况有基本的了解。带班教师应了解学生通过周口店野外实践教学对基本野外地质技能的掌握情况，以便做好相应的教学安排。

(3)带班教师仔细检查学生实习装备、仪器、资料和个人文具用品准备情况。其中包括：①野外装备，如工作服、登山鞋、草帽、水壶等；②个人野外实习用品，如地质包、地质锤、放大镜、罗盘、野外记录簿、实习指导书、铅笔、小刀、橡皮等；③小组和个人急救药品等。带班教师应严格逐人检查落实，上述各项缺少或未完善者要采取措施予以解决，否则不得进行野外作业。

二、认知教学(路线地质教学)阶段

该阶段是整个教学实习的重点内容。在教师的引导下，通过10条野外地质路线的观察与记录，完成以下教学内容。

(1)进一步熟练野外技能，加强以下几个方面的训练：矿物、岩石手标本鉴定、描述和定名；岩石地层单位的野外识别与划分；野外记录格式的规范性；信手剖面与典型地质素描图的绘制。

(2)了解实习区域内超镁铁质-镁铁质火成岩组合特征及其地质意义；中性-长英质火成岩分布范围、鉴定特征、侵入期次及对三峡大坝的工程意义。

(3)系统掌握实习区古元古代—中生代地层序列，熟练掌握各地层单位的时代、岩性特征、接触关系和沉积环境，并与华北板块相应地层单位进行对比分析。

(4)了解地层学中“金钉子”剖面确立的岩石学、古生物学和年代学标准。

(5)掌握实习区典型构造类型、特征及演化。

该阶段的教学活动安排往往比较紧凑，野外观察内容较多，部分路线教学时间较长，需要师生共同发挥求真务实、艰苦朴素的地大精神，克服一切困难，在教学方法上进行积极探索与创新，保质保量地完成教学任务，为后续的专题实习奠定良好基础。

此阶段教学过程中需要注意以下几点。

(1)充分发挥学生的主观能动性。野外路线教学活动中，对野外地质现象进行观察、记录和认知的主体是学生，教师在带教的过程中应选择合适的教学方法，充分调动学生的积极性，激发学生的认知热情，提高教学效果。提倡野外教学过程中师生之间就某些地质现象展开发散性讨论，提高以学生为主体的教学互动功能。

(2)协调好基本教学内容与拓展内容之间的关系。野外实践教学活动具有一定的灵活性，在保证教学大纲的基本教学内容能够为学生理解和接受的基础上，教师可根据学生的实际接受能力和自己的研究方向，适当增加部分外延和提高的内容，促进学生由点到面、由微观到宏观地进行地质思维训练。

(3)加强教学质量的过程控制。在野外带教过程中，教师要加强对学生认知情况的观察，及时发现学生在观察、记录、描述和认知地质现象过程中存在的问题，现场进行纠正。室内应每天抽查野簿，总结存在的不足之处并在次日的带教过程中集中讲解。

三、独立专题研究阶段

该阶段是学生对实习区火成岩、地层序列、构造样式等地质特征有充分了解的基础上，选择感兴趣的研究专题，自行组成3～5人的科研团队，在专题教师的指导下，进行独立的野外资料收集工作，为撰写专题研究报告打下基础。

独立专题研究阶段，带队教师应尊重学生的选题并给予指导。学生在选定专题研究内容后，应以小组为单位制定较为详细的研究计划，明确组内人员的分工。带队教师要根据各组学生的实际能力，对其研究计划进行合理化的修正，保证其在有限的时间内能够完成相关的野外工作。各小组研究计划需经带队教师确认后方可开展相关的工作。在此阶段，教师尤其要注意对学生科研意识、创新能力和团队协作能力的培养。

四、专题报告编写及考查阶段

该阶段是对教学实习内容的总结和对学生认知情况的考查。专题报告的编写侧重于培养学生对野外数据的处理、归纳和总结能力；运用基础地质理论，结合野外第一手资料，进行合理的地质推理和演绎的能力；综合各类资料，以清晰的思路，有条理性和逻辑性地进行材料组织及报告编写的能力。从报告形式上，可鼓励学生按照科研论文形式进行编写。

实习考查主要为室内考查，重点是检验学生对野外路线知识点的掌握程度和对研究专题的独立思考程度。考查方式为面试，考查内容由带班教师灵活掌握，如讨论、提问或标本鉴定等。教师根据学生对基本知识掌握的程度和独立思考能力给予综合评分，未达标者要及时采取有效措施补课。

第三节　实习成绩评定

野外实习成绩的评定主要由专题报告成绩和实习考查成绩综合而成。此外可酌情考虑学生野外教学实习期间的学习态度、基础知识掌握程度、思维能力、野簿记录质量等方面。

带班教师按照指定表格登记各项成绩，经综合后按优秀（90～100分），良好（80～89.5分），中（70～79.5分），及格（60～69.5分）和不及格（0～59.5分）给出实习成绩。原则上，各班成绩优秀者不得超过总人数的15%。实习队综合各班成绩后，进行平衡调整、教学实习评优，并上报教务处和学生所在院系。

第四节　野外实习期间学生注意事项

一、实习出发前的准备工作

实习出发前的准备工作做到“有备无患”。必须准备好教学资料、实习用品、实习分组、生活用品、经费和证件，以及火车票的订购等工作。包括①教学参考资料和实习用品准备。要求人手一册实习指导书和野簿；地质锤、罗盘、放大镜、三角尺、量角器、铅笔、绘图笔和橡皮等每人必须一套。②实习分组准备。每小组5～6人，其中有一名学生干部或学生党员。身体强健与瘦弱者要每组搭配，便于路途携带较重行李和野外背岩石标本等。每班大致细分5～6个小组。分组工作由辅导员、班主任和班干部共同开展。③生活用品准备。建议携带蚊帐和少量春秋装。为了便于野外行走，应携带运动鞋和野外工作服。水桶、脸盆及洗漱用品、水壶、饭盒等用品可以携带，也可以在当地购买。由于实习基地有运动场所，可以携带一些文体用品，在课余时间开展一些文体活动。建议各班级携带一定集体活动的经费，便于参加文体活动。出发前应准备一些常用药品，如感冒药、晕车药、痢特灵、正骨水、创可贴、蛇毒药、清凉油或风油精和消炎药等，以应急治疗路途和实习过程中可能发生的常见疾病。④实习经费的准备。主要用于实习期间的生活费和返乡路费。学校将给每位学生发放一定数量的实习路费，但只能满足单程到实习站的基本路费，返乡路费由学生根据实习站到家乡距离的远近自己决定。建议长途旅行时不要携带大量现金，宜办理异地存取存折。由于在秭归实习的时间不是太长，最好不要让家长向秭归实习基地汇款，以免时间耽误汇款不能及时收到。⑤证件准备。为了出行交通、取款或实习结束后在其他地方停留方便，必须携带身份证。为了可能从家乡到学校购买学生票，应携带学生证。在参观旅游景点时，可凭学生证购买优惠门票。

二、实习路途注意事项

如果先实习后放假，自离开学校开始，各班级和小组要相对集中，实行班组长负责制，一切行动听指挥。班干部及党员必须伴随同学统一乘车，沿途做好组织带领工作，时刻注意同学的生命及财产安全。在路途中遇到紧急情况，应立即向带队教师报告，采取应急措施。在车上要注意防盗和人身安全。在途中火车停靠时不要擅自下车，如因购物等需要下车必须向班组长报告并结伴同行，不要远离站台，以免错过上车时间。如果先放假后实习，建议联系同学结伴而行，按实习站提供的路线，按时到达实习站。途中应注意个人安全，不可轻信路人。如果遇到特殊困难，可以打电话向实习站咨询或求助。

三、实习期间教学管理要求

实习期间要服从教学安排和要求，按时作息和乘车。按时起床和早餐，避免耽误开车出发时间。在乘车时不要拥挤，并主动给体弱者和女同学让座。等车时，不要远离等车地点，以免延误乘车和就餐时间。实习时每天必须携带坚固的野外工作包、罗盘、地质锤、放大镜、地形图、野簿、铅笔和橡皮等，便于测量、记录和采样等。保管好地形图，如有丢失，将会受到学校保密处罚。野外实习过程中，特别是登山过程中，不要嬉戏打闹，以免滑倒或滚石伤人。在路边观看地质现象时，注意来往的机动车辆，保证人身安全。实习路途中爱护庄稼和果树，不践踏庄稼和采摘水果。

四、实习结束后注意事项

如果先实习后放假，实习结束后一般就地放假，学生自己购票回家。学生应清点物品和证件等是否已经全部携带，宿舍是否帮助清理干净。学生党员、干部或离家比较近的同学，建议迟一点回家，送一送离家比较远的同学，并帮助教师处理遗留的问题。回家途中要注意防盗和防骗以及人身安全。乘车前给父母打个电话进行联系，便于父母知道你是否按时到家，防止发生意外和及时了解情况。如果先放假后实习，实习结束后一般统一组织返校。

班组长职责：班长、团支书负责本班同学的安全保卫工作，安排和协调各小组的有关事宜。班组长在出队前负责检查同学所带物品是否齐全，清点人数并上报实习带班教师。路途中负责召集本组或本班同学，在实习中负责与实习教师联系并及时收交野簿；实行班组长负责制，有问题应及时向有关教师反映。

五、野外实习纪律及处理办法

野外实习期间，所有同学必须严格遵守实习站的有关规定，做到一切行动听指挥，严禁自由散漫作风，不得随意出走或探亲访友，不得私自外出游泳，妥善保管图件资料。强调以下几点。

(1)必须按时参加野外实习，对于无故不出野外者，按情节给予通报批评、记过和取消实习资格处分。

(2)实习期间因病或其他原因不能参加实习者，须事先写书面请假条，由带班实习教师签字后，交带队教师审批，同意后方可准假。班干部无权批假。如果请假时间达到实习总时间的1/4，则取消本次实习资格。

(3)不得私自外出游泳。如果游泳，应征得带队教师同意后，班级集体组织并按时返回实习站。否则根据情节轻重给予通报批评，直至记过处分，后果自负。

(4)严格按照学校有关规定保管好地形图等保密资料，违者按保密规定处分。

(5)野外实习期间应尊重当地风俗，不与当地群众发生纠纷，爱护他人劳动成果。严禁采摘农民瓜果，不踩踏农民庄稼。违反者根据情节轻重给予批评教育，直至记过处分，造成损失的要给予补偿。

(6)爱护实习站内公共设施和环境，不与实习站职工发生摩擦。纠纷时应向站长、实习队长和带队教师反映，协调解决，避免发生过激言行。

(7)实习期间注意节约用水，严禁违章用电。如发现违章行为，按学校《学生管理规程》的有关规定处理。

主要参考文献

陈辉明，孟繁松，张振来．鄂西秭归盆地下侏罗统桐竹园组新型剖面的研究[J]．地层学杂志，2002，26(3)：187-192．

陈旭，戎嘉余，樊隽轩，等．奥陶系上统赫南特阶全球层型剖面和点位的建立[J]．地层学杂志，2006，30(4)：289-305．

陈旭，戎嘉余，樊隽轩，等．奥陶系—志留系界线地层生物带的全球对比[J]．古生物学报，2006，39(1)：100-114．

陈旭，袁训来．地层学与古生物学研究(华南野外实习指南)[M]．合肥：中国科学技术大学出版社，2013．

范嘉松．中国生物礁与油气[M]．北京：海洋出版社，1996．

郭俊峰，等．湖北宜昌纽芬兰统岩家河组结核的特征及形成过程[J]．沉积学报，2010，28(4)：676-680．

湖北省区域地质测量队．湖北省古生物图册[M]．武汉：湖北科学技术出版社，1984．

赖旭龙，孙亚东，江海水．峨眉山大火成岩省火山活动与中、晚二叠世之交生物大灭绝[J]．中国科学基金，2009(6)：353-356．

李清，王家生，陈祈．三峡"盖帽"白云岩中重晶石研究及其古地理意义[J]．西北大学学报(自然科学版)，2006，36(专辑)：196-200．

李志宏，陈孝红，王传尚，等，湖北宜昌黄花场下奥陶统弗洛阶上部牙形刺生物地层分带及对比[J]．中国地质，2010，37(6)：1647-1658．

穆恩之，朱兆玲，陈均远，等．西南地区的奥陶系[M]//中国科学院南京地质古生物研究所．西南地区碳酸盐生物地层．北京：科学出版社，1979．

彭善池．华南新的寒武纪生物地层序列和年代地层系统[J]．科学通报，2009，54(18)：2691-2698．

彭善池，艰难的历程　卓越的贡献——回顾中国的全球年代地层研究[M]//中国科学院南京地质古生物研究所．中国"金钉子"：全球标准层型剖面和点位研究．杭州：浙江大学出版社，2013．

戎嘉余．上扬子区晚奥陶世海退的生态地层证据与冰川活动影响[J]．地层学杂志，1984，8(1)：19-29．

汪啸风，Stouge S，陈孝红，等．奥陶系中奥陶统大坪阶全球标准层型剖面和点位及研究进展[M]//中国科学院南京地质古生物研究所．中国"金钉子"：全球标准层型剖面和点位研究．杭州：浙江大学出版社，2013．

汪洋，李勇，张志飞．峡东水井沱组顶部微体骨骼化石初探[J]．古生物学报，2011，4：511-523．

王家生，甘华阳，魏清，等．三峡"盖帽"白云岩的碳、硫稳定同位素研究及其成因探讨[J]．现代地质，2005，19(1)：14-20．

王家生，王舟，胡军，等．华南新元古代"盖帽"碳酸盐岩中甲烷渗漏事件的综合识别特征[J]．地球科学，2012，37(增刊2)：14-22．

王永标．巴颜喀拉及邻区中二叠世古海山的结构与演化[J]．中国科学(D辑)，2005，35(12)：1140-1149．

王幼惠，郭成贤，翟永红．宜昌地区下寒武统沉积环境分析[J]．江汉石油学院学报，1991，13(3)：15-20．

徐桂荣，罗新民，王永标，等．长江中游晚二叠世生物礁的生成模型[M]．武汉：中国地质大学出版社，1997．

尹崇玉，岳昭，高林志，等．湖北秭归庙河早寒武世水井沱组燧石层中的微化石[J]．地质学报，1992，66(4)：371-380．

曾庆銮，倪世钊，徐光洪，等，奥陶系[M]//汪啸风，等. 长江三峡地区生物地层学(2)：早古生代部分. 北京：地质出版社，1987.

张秀莲，于德龙，王贤. 湖北宜昌地区寒武系碳酸盐岩岩石学特征及沉积环境[J]. 古地理学报，2003，5(2)：152－161.

中国科学院南京地质古生物研究所. 中国"金钉子"——全球标准层型剖面和点位研究[M]. 杭州：浙江大学出版社，2013.

周琦，杜远生，王家生，等. 黔东北地区南华系大塘坡组冷泉碳酸盐岩及其意义[J]. 地球科学，2007，32(3)：339－346.

朱茂炎. 动物的起源和寒武纪大爆发：来自中国的化石证据[J]. 古生物学报，2010，49(3)：269－287.

Bao H，Lyons J R，Zhou C. Triple oxygen isotope evidence for elevated CO_2 levels after a Neoproterozoic glaciation[J]. Nature，2008，453：504－506.

Bassett D A，Whittington H B，Williams A. The stratigraphy of the Bala district，Merioneth shire[J]. Journal of Geological Society of London，1966，122：219－271.

Cao W，Feng Q，Feng F，et al. Radiolarian Kalimnasphaera from the Cambrian Shuijingtuo Formation in South China[J]. Marine Micropaleontology，2014，110：3－7.

Fielding C R. Upper flow regime sheets，lenses and scour fills：extending the range of architectural element for fluvial sediment bodies[J]. Sedimentary Geology，2006，190：227－240.

Flügel E，Reinhardt J. Uppermost Permian Reefs in Skyros(Greece) and Sichuan(China)：Implications for the Late Permian Extinction Event[J]. Palaios，1989，4：502－518.

Guanghui Fan，Yongbiao Wang，Stephen Kershaw，et al. Recurrent breakdown of Late Permian reef communities in response to episodic volcanic activities：evidence from southern Guizhou in South China[J]. Facies，2014，60：603－613.

Hoffman P E，Kaufman A J，Halverson G P，et al. A Neoproterozoic snowball earth[J]. Science，1998，281：1342－1346.

Ingham J K，Wright A D. A revised classification of the Ashgill Series[J]. Lethaia，1970，3：233－242.

Jiang G，Kennedy M J，Christie-Blick N. Stable isotopic evidence for methane seeps in Neoproterozoic postglacial cap carbonates[J]. Nature，2003，426：822－826.

Jiasheng Wang，Ganqing Jiang，Shuhai Xiao，et al. Carbon isotope evidence for widespread methane seeps in the ca. 635 Ma Doushantuo cap carbonate in south China[J]. Geology，2008，36(5)：347－350.

Jun H U，Jiasheng WANG，Hongren CHEN，et al. Multiple cycles of glacier advance and retreat during the Nantuo (Marinoan) glacial termination in the Three Gorges area Front[J]. Earth Sci，China，2012，6(1)：101－108.

Kennedy M J，Christie-Blick N，Sohl L E. Are pretorozoic cap carbonates and isotopic excursions a record of gas hydrate destablilization following earth's coldest intervals? [J]. Geology，2001，29(5)：443－446.

Liu S，Zhang G. Mesozoic basin development and its indication of collisional orogeny in the Dabie orogen[J]. Chinese Science Bulletin，2013，58(8)：827－852.

Liu S，Tao Q，Li W，et al. Oblique closure of the northeastern Paleo-Tethys in central China[J]. Tectonics，2015，34(3)：413－434.

Liu S，Steel R，Zhang G. Mesozoic sedimentary basin development and tectonic implication，northern Yangtze Block，eastern China：record of continent-continent collision[J]. Journal of Asian Earth Sciences，2005，25(1)：9－27.

Maill A D. Architectural-element analysis：a new method of facies analysis applied to fluvial deposits[J]. Earth Science Review，1985，22：261－308.

McFadden K A, Huang J, Chu X, et al. Pulsed oxidation and bioloical evolution in the Ediacaran Doushantuo Foramtion[J]. PNAS, 2008, 105: 3197 - 3202.

She Z, Ma C, Wan Y, et al. An Early Mesozoic transcontinental palaeoriver in South China: evidence from detrital zircon U-Pb geochronology and Hf isotopes[J]. Journal of the Geological Society London, 2012, 169: 352 - 362.

Sheehan P M. The Late Ordovician mass extinction[J]. Annual Reviews of Earth and Planetary Sciences, 2001, 29: 331 - 364.

Wang Y. Fern ecological implications from the Lower Jurassic in Western Hubei, China[J]. Review of Palaeobotany and Palynology, 2002, 119: 125 - 141.

Wang X F, Stouge S, Erdtmann B D, et al. A proposed GSSP for the base of the middle Ordovician Series: the Huanghuachang section, Yichang, China[J]. Episodes, 2005, 28: 105 - 117.

Wignall P B, Sun Y D, Bond D P G, et al. Volcanism, mass extinction, and carbon isotope fluctuations in the Middle Permian of China[J]. Science, 2009, 324: 1179 - 1182.

Wignall P B. Large igneous provinces and mass extinctions[J]. Earth-Science Reviews, 2001, 53: 1 - 33.

Xiao S, Zhang Y, H. Knoll A, Three-dimensional preservation of algae and animal embryos in a Neoproterozoic phosphorite[J]. Nature, 1998, 391: 553 - 558.

Yang J, Cawood P A, Du Y. Detrital record of mountain building: provennace of Jurassic foreland basin to the Dabie Mountains, Tectonics, doi: 10. 1029/2009TC002600, 2010.

Zhen Y Y, Liu J B, Percival I G. Revision of two Prioniodontid species (Conodonta) from the Early Ordovician Honghuayuan Formation of Guizhou, South China[J]. Records of the Australian Museum, 2005, 57: 303 - 320.

附录

1. 岩石特征成分、结构构造图例

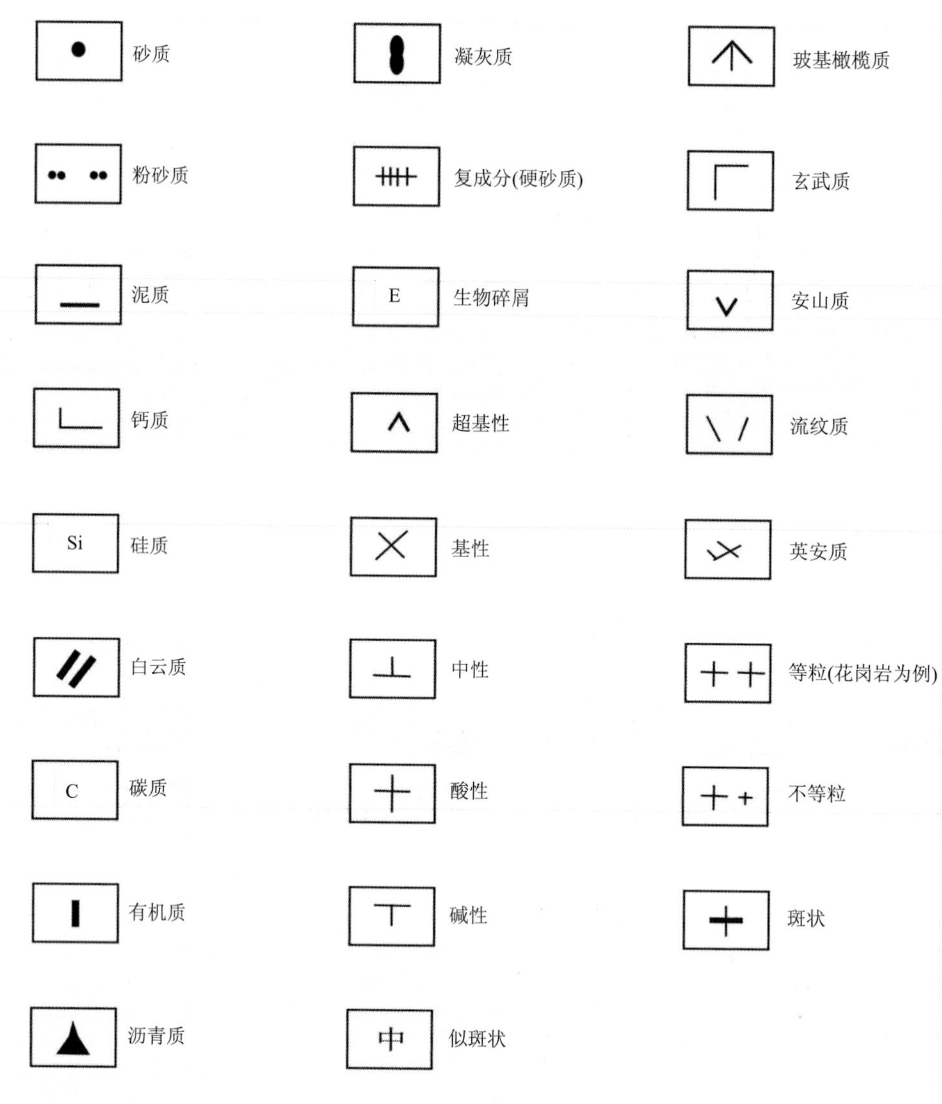

2. 碎屑岩

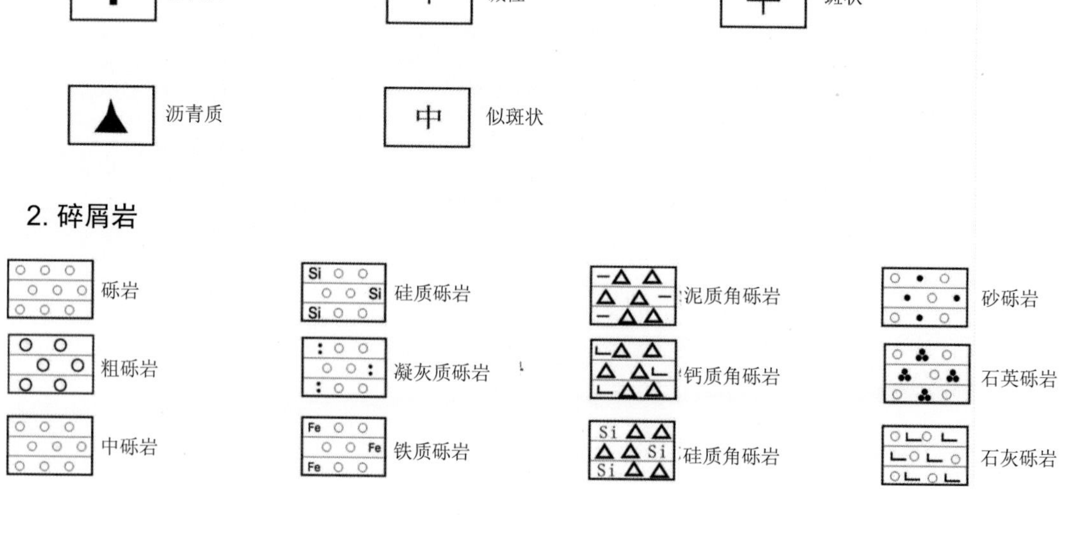

细砾岩　冰碛砾岩　铁质角砾岩　复成分砾岩

含角砾砾岩　砂质砾岩　巨砾岩　钙质砾岩

角砾岩　砂质角砾岩

砂岩　粉砂岩　泥质粉砂岩　含磷砂岩

含砾砂岩　长石质砂岩　铁质砂岩　含油砂岩

粗砂岩　长石石英砂岩　含铜砂岩　交错层理砂岩

中砂岩　碎屑砂岩　铁质粉砂岩　斜层理砂岩

细砂岩　海绿石砂岩　含碳质粉砂岩　长石砂岩

石英砂岩　复成分砂岩　含钾粉砂岩　泥质砂岩

凝灰质砂岩　黏土粉砂质砂岩　钙质砂岩　含砾粉砂岩

钙质粉砂岩　黏土砂质粉砂岩　凝灰质粉砂岩　含砂粉砂岩

铁质页岩　油页岩　含钾页岩　水云母黏土岩

铝上页岩　黏土岩(泥岩)　沥青页岩　蒙脱石黏土岩

含锰页岩　高岭石黏土岩　页岩　粉砂质页岩

硅质页岩　凝灰质页岩　砂质页岩　钙质页岩

碳质页岩　含碳质页岩

3. 灰岩、白云岩

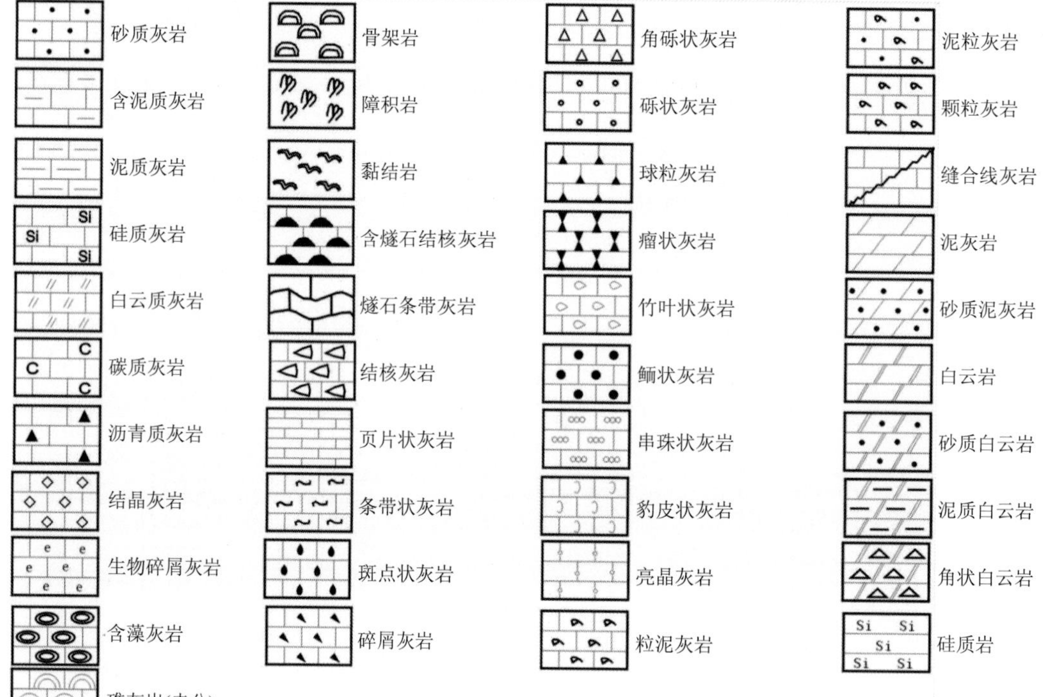

砂质灰岩　含泥质灰岩　泥质灰岩　硅质灰岩　白云质灰岩　碳质灰岩　沥青质灰岩　结晶灰岩　生物碎屑灰岩　含藻灰岩　礁灰岩(未分)　骨架岩　障积岩　黏结岩　含燧石结核灰岩　燧石条带灰岩　结核灰岩　页片状灰岩　条带状灰岩　斑点状灰岩　碎屑灰岩　角砾状灰岩　砾状灰岩　球粒灰岩　瘤状灰岩　竹叶状灰岩　鲕状灰岩　串珠状灰岩　豹皮状灰岩　亮晶灰岩　粒泥灰岩　泥粒灰岩　颗粒灰岩　缝合线灰岩　泥灰岩　砂质泥灰岩　白云岩　砂质白云岩　泥质白云岩　角状白云岩　硅质岩

4. 侵入岩

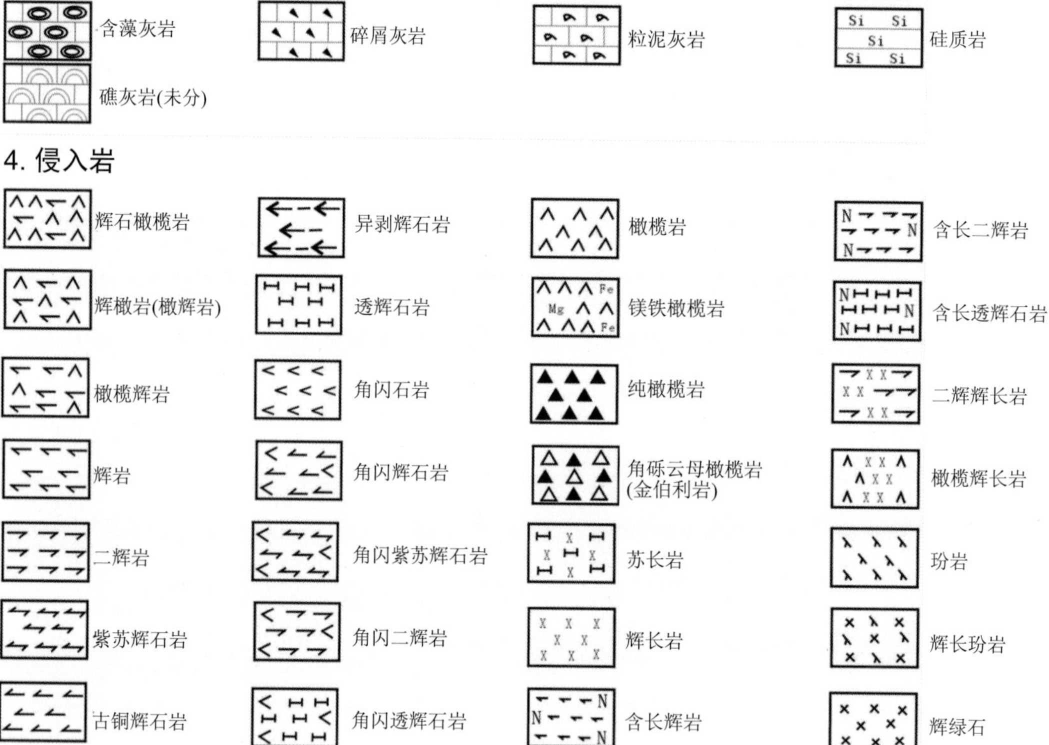

辉石橄榄岩　辉橄岩(橄辉岩)　橄榄辉岩　辉岩　二辉岩　紫苏辉石岩　古铜辉石岩　顽火辉石岩　异剥辉石岩　透辉石岩　角闪石岩　角闪辉石岩　角闪紫苏辉石岩　角闪二辉岩　角闪透辉石岩　斜长岩　橄榄岩　镁铁橄榄岩　纯橄榄岩　角砾云母橄榄岩(金伯利岩)　苏长岩　辉长岩　含长辉岩　含长紫苏辉岩　含长二辉岩　含长透辉石岩　二辉辉长岩　橄榄辉长岩　玢岩　辉长玢岩　辉绿石

5. 喷出岩，熔岩

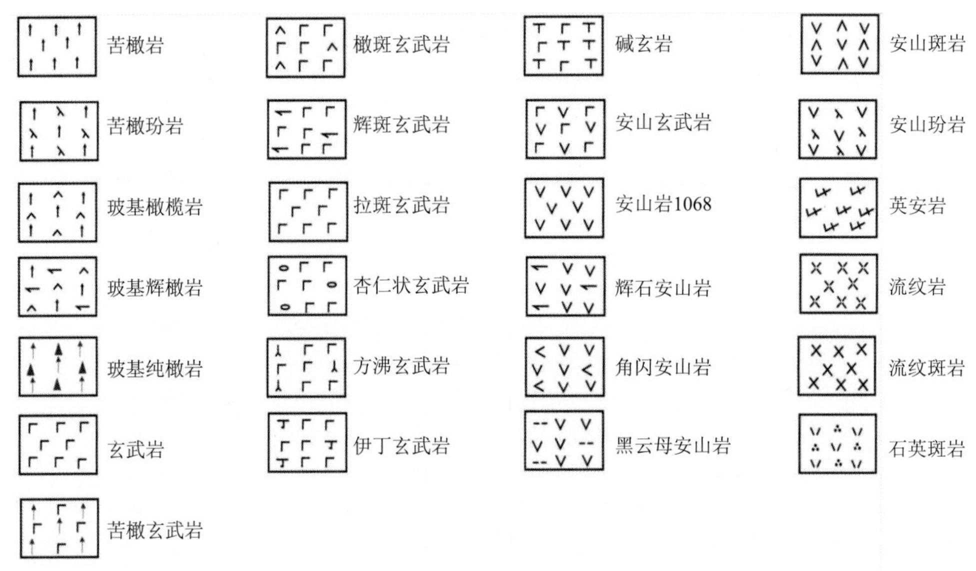

6. 区域变质岩

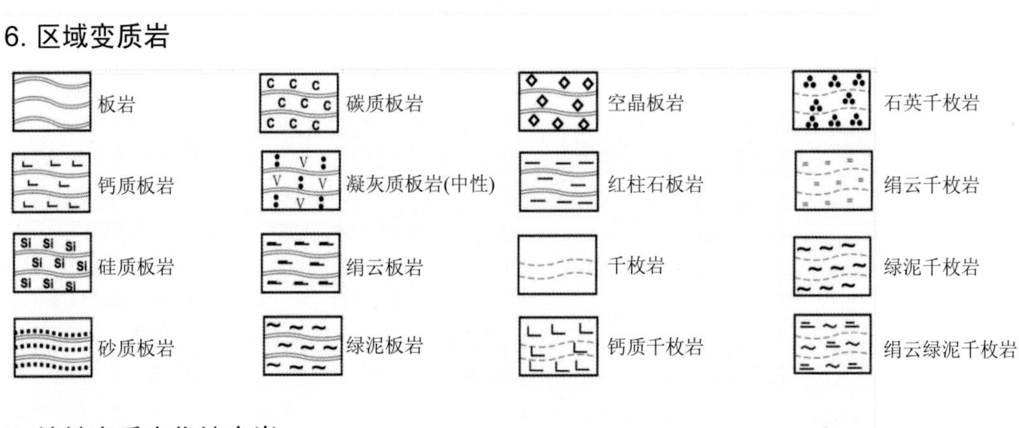

7. 接触变质交代蚀变岩

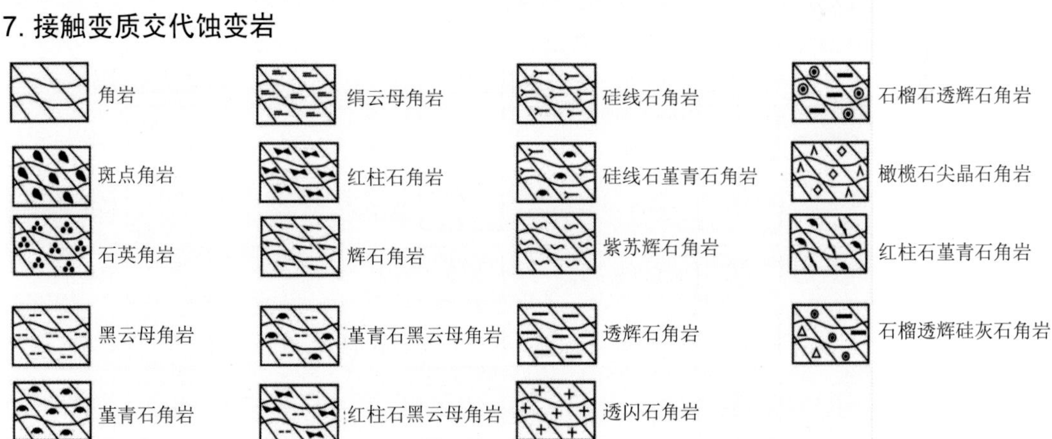

8. 沉积构造图例

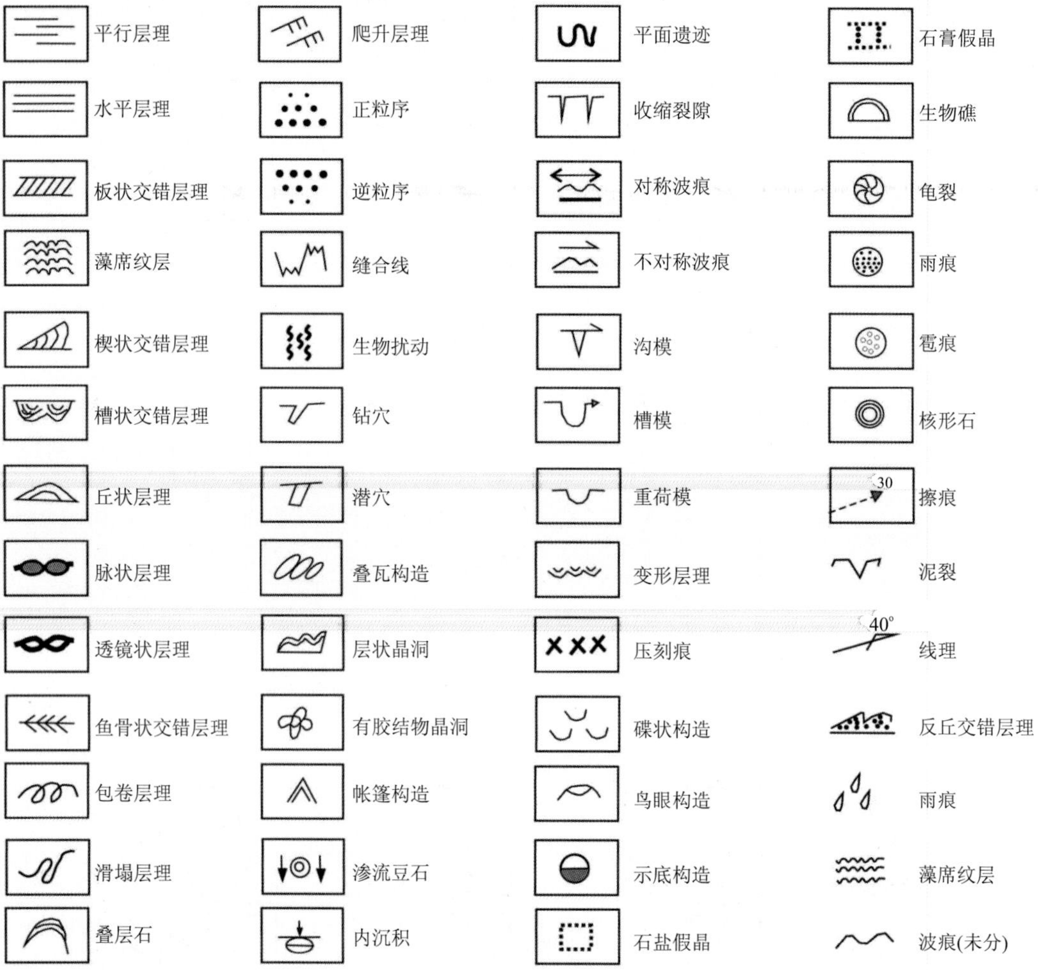

平行层理	爬升层理	平面遗迹	石膏假晶
水平层理	正粒序	收缩裂隙	生物礁
板状交错层理	逆粒序	对称波痕	龟裂
藻席纹层	缝合线	不对称波痕	雨痕
楔状交错层理	生物扰动	沟模	雹痕
槽状交错层理	钻穴	槽模	核形石
丘状层理	潜穴	重荷模	擦痕
脉状层理	叠瓦构造	变形层理	泥裂
透镜状层理	层状晶洞	压刻痕	线理
鱼骨状交错层理	有胶结物晶洞	碟状构造	反丘交错层理
包卷层理	帐篷构造	鸟眼构造	雨痕
滑塌层理	渗流豆石	示底构造	藻席纹层
叠层石	内沉积	石盐假晶	波痕(未分)

9. 化石图例

植物化石及碎片	叠层石	竹节石	叶肢介
无脊椎动物化石(未分)	笔石动物	鹦鹉螺	孢粉
脊椎动物化石(未分)	三叶虫	箭石	钙藻
有孔虫	苔藓动物	菊石	海绵骨针
蜓	棘皮动物	放射虫	疑源类
珊瑚动物	腕足动物	牙形石	鱼类
海绵动物	双壳动物	介形虫	遗迹化石
古杯动物	腹足动物		

10. 构造符号

- 实测性质不明断层
- 推测性质不明断层
- 实测正断层(箭头指向断层面倾向，下同)
- 推测正断层
- 实测逆断层倾向及倾角
- 推测逆断层
- 实测逆掩断层倾向及倾角
- 推测逆掩断层
- 实测平推断层(箭头指示相对位移方向)
- 推测平推断层
- 实测直立断层
- 平移正断层
- 平移逆断层
- 实测走滑断层
- 推测走滑断层
- 倒转向斜(箭头指向轴面倾斜方向)
- 倒转背斜(箭头指向轴面倾斜方向)
- 向形构造
- 背形构造
- 倒转背斜(箭头指向轴面倾斜方向)
- 倒转向斜(箭头指向轴面倾斜方向)
- 背形构造
- 向形构造

- 断层破碎带
- 剪切挤压带
- 直立挤压带
- 区域性断层
- 韧性剪切带
- 脆-韧性剪切带
- 实测复活断层
- 推测复活断层
- 剥离断层(早期、英文字母为代号)
- 晚期剥离断层(英文字母为代号，齿指向断层倾斜方向)
- 逆冲推覆断层(箭头表示推覆面倾向)
- 飞来峰构造
- 构造窗
- 隐伏或物探推断层
- 航、卫片解译断层
- 穹状火山
- 锥状火山
- 熔岩穹隆或穹丘(红)
- 火山锥(红)
- 破火山口(红)
- 推测喷发中心(红)
- 火山口或火山通道(红)
- 活火山(红)

- 基底断裂
- 板块俯冲带(齿指俯冲方向)
- 板块俯冲带(齿指仰冲方向)
- 背斜
- 向斜
- 复式背斜
- 复式向斜
- 箱状背斜
- 箱状向斜
- 梳状背斜
- 梳状向斜
- 短轴背斜
- 短轴向斜
- 倾伏背斜
- 仰起向斜

- 鼻状背斜
- 穹隆
- 隐伏背斜
- 隐伏向斜
- 背斜轴线
- 向斜轴线
- 复式背斜轴线
- 复式向斜轴线
- 箱状背斜轴线
- 箱状向斜轴线
- 梳状背斜轴线
- 梳状向斜轴线
- 短轴背斜轴线
- 短轴向斜轴线
- 倾伏背斜轴线
- 仰起向斜轴线

11. 火山构造图例

- 裂隙式线状火山构造
- 盾状火山
- 层状火山
- 火山断裂及大型裂隙
- 火山构造洼地(盆地边界)
- 火山喷发带(区)边界(多用于中小比例尺)

12. 地质体产状及变形要素符号

- 岩层产状(走向、倾向、倾角)
- 岩层水平产状
- 岩层垂直产状(箭头方向表示较新层位)
- 倒转岩层产状(箭头指向倒转后的倾向)
- 片理产状
- 交错层理及倾斜方向
- 片麻理产状